照明工程4.0:
营造与管理实践

徐建平　编著

华中科技大学出版社
http://www.hustp.com
中国·武汉

图书在版编目 (CIP) 数据

照明工程 4.0：营造与管理实践 / 徐建平编著 . —武汉：华中科技大学出版社，2019.5

ISBN 978-7-5680-5181-1

Ⅰ.①照… Ⅱ.①徐… Ⅲ.①照明设计 Ⅳ.① TU113.6

中国版本图书馆CIP数据核字(2019)第088464号

照明工程 4.0：营造与管理实践   徐建平　编著
Zhaoming Gongcheng 4.0: Yingzao yu Guanli Shijian

策划编辑：张　毅　徐建生

责任编辑：张　毅

封面设计：原色设计

责任监印：朱　玢

出版发行：华中科技大学出版社 (中国·武汉)　　　电话：(027)81321913

　　　　　武汉市东湖新技术开发区华工科技园　　　邮编：　430223

录　　排：华中科技大学惠友文印中心

印　　刷：湖北新华印务有限公司

开　　本：710mm×1000mm　1/16

印　　张：15

字　　数：208 千字

版　　次：2019 年 5 月第 1 版第 1 次印刷

定　　价：88.00 元

编　委　会

编著　徐建平

编委（按姓氏拼音首字母排序）

程世友　程宗玉　戴宝林　丁勤华　胡　波

李巧利　梁　峥　刘　锐　刘晓光　沈　葳

沈永健　田　翔　王　刚　王　天　王忠泉

吴春海　谢明武　熊克苍　许东亮　张志清

序

以 1989 年上海外滩亮化为标志，中国拉开了城市景观照明建设的大幕。

30 年来，伴随着经济的发展、国力的提升、产业的技术进步、欣赏水平及要求的提高、设计和施工能力的增强，城市景观照明的表现形式和手法不断发生着改变。从最初的只是通过投光灯、泛光灯将被照物简单地照亮，没有科学的规划设计、光污染严重、缺乏美感、大量灯具安装在建筑表面、影响白天美观，到采用先进的 LED 照明灯具，根据建筑特点、周边环境、区域功能，制定专项照明设计规划，按照规划完成深化设计图，以深化设计图严格施工，最大化地实现规划设计效果，国内的城市景观照明建设逐步走向成熟。随着北京奥运会、上海世博会、杭州 G20 峰会、厦门金砖峰会、青岛上合峰会、上海进博会等一系列大型国际性活动的举行，灯光在其中的惊艳表现更是将城市景观照明建设推向了高潮。当下，城市景观照明已成为城市夜晚的一张名片，一道靓丽的风景线。

徐建平先生从事照明行业 20 多年，经验丰富，善于思考和总结，撰写了《照明工程 4.0：营造与管理实践》一书。书中对中国城市景观照明建设的发展与演变进行了介绍，对照明工程公司从 1.0 到 4.0 的进程进行了分析，特别是以其多年的管理经验，从公司的形象树立、品牌建设着手，让公司更值钱；从早期的介入、项目的生成开始，提高中标率；以设计为灵魂，业主需求为目标，完成业主满意的项目；以精细化管理、工匠精神，打造有代表性的精品工程；从财务、采购等流程的严格管控，与上游企业共进退，保证工程项目的审计合理；以自律的态度，打铁还需自身硬，创建合作共赢的行

1

业氛围等多方面进行了深刻的剖析和总结，提出了一些全新的观点和理念，为照明工程领域从业人员提供了一本极具价值的参考书籍。

当前，文化和旅游已成为国家拉动内需的重要手段，2018 年文化和旅游部正式挂牌，开启了文化和旅游融合发展的新篇章。"中国特色小镇"建设、乡村旅游开展、夜间经济发展、大型国际活动、重要节庆等都离不开灯光的助力。文化和旅游的结合将推动城市在旅游项目中融入文化内涵，城市的历史、文化可通过演艺灯光、灯光秀等形式得到体现，城市景观照明的建设要求进一步得到提高，照明工程公司的管理水平随之水涨船高。相信，本书的出版对照明工程公司的管理水平提升能起到促进的作用，从而推动城市景观照明建设的规范发展，助力城市的经济发展，提升城市居民的获得感、幸福感、安全感。

中国照明学会秘书长
2019 年 4 月 4 日

前言

照明工程行业服务于城市夜环境，它的发展与行业科技水平的迭代升级、城市的功能变迁、人类生产生活方式的变化密切相关。

近20年来，随着LED照明技术的普及和进步、控制系统和交互技术的发展，以及物联网的兴盛，照明行业的表现手法和表现方式越来越丰富。伴随着人们夜生活方式的多样化、城市夜间经济的日趋繁荣，城市景观照明的市场需求持续扩容。城市景观照明在塑造城市形象、展现城市文明、促进城市旅游经济的发展等方面赢得了社会各界的广泛认可。特别是近几年，从杭州G20峰会，到青岛上合峰会，再到改革开放40周年纪念，照明工程行业呈现出爆发式增长。灯光在城市建设中扮演了越来越重要的角色，发挥出极强的社会价值、经济价值和环境价值。

行业的高速增长和巨大成就让人欣喜，但同时也存在大量亟待面对和解决的问题。从行业表现来看，千城一面、光污染、超水平建设等问题屡见不鲜，一直为人们诟病。从行业发展规范来看，目前景观照明的相关规范和标准不健全，行业普遍面临工期紧、低价竞争、项目回款慢、优秀人才缺失等系列问题。具体从照明工程企业来看，绝大多数照明工程公司还没有树立正确的发展理念，在面对项目需求时缺乏全面细致的研判，一味以"低价"迎合市场，项目设计创新能力不足、动力不强，施工过程缺乏科学有效的管理，这些因素都导致了照明效果并不尽如人意。

作为一名从业20多年的"老兵"，面对这些问题，我虽不能给出必然的解决方案，但仍然希望将多年来积累的经验和教训总结出来，以期为读者提供一种行之有效的思维模式。

照明工程行业的起步很低，但发展至今，早已不再是"包工头"和"个体户"的时代，行业已由"粗放式"发展阶段逐渐迈入了精细化、专业化的 4.0 时代。在 4.0 时代，我们要打造城市光艺术作品，走高端化、差异化的发展路线。那么，照明工程 4.0 时代，照明工程公司如何来打造高端化、差异化的光艺术作品呢？针对这个问题，我结合 20 多年的行业经验及多次创业失败后成功的经验，总结了一套照明工程的营造与管控体系。这套体系作为本书分享的核心内容，包括：如何甄选项目，如何与业主建立信任关系，如何从招投标、设计、施工、财务、采购、验收等各个环节来进行作品营造和管控等。

本书并未定位为一本照明设计类或施工类专业书籍，而是以管理学视角进行总结，为照明工程行业的发展和管理提供一点拙见，希望广大从业者能够从中受益，为推动行业向更健康可持续的方向发展贡献些许力量。

另外，本书还结集了数十位行业大咖为照明工程行业共同发声，为行业发展建言献策，希望通过本书能够凝聚行业发展共识，倡导行业自律，引领行业创造更好的社会价值。

以匠心共建美好中国，是新时代的中国每一个奋斗者的使命与追求，愿以本书与每一位照明工程同业共勉。

2019 年 3 月 20 日

目录

01

照明工程进入4.0时代

照明工程行业进化论

照明工程指采用天然光或人工照明系统，以满足特定光环境中照明要求的设计、技术和工程。根据功能性质的不同，照明工程业务可分为功能性照明和景观照明两种。功能性照明主要以满足人们视觉作业为目的，是通用照明的一种。景观照明是指利用灯光环境构筑集照明、观赏、美化环境等功能为一体的独特景观。景观照明领域主要包括桥梁景观亮化、广场景观亮化、商场景观亮化、楼宇景观亮化及特殊建筑物和特殊自然载体（如山体、湖泊、树木、溶洞、河流、水面）亮化等。

我国照明工程的发展历程

新中国成立前，我国城市照明工程建设项目甚少。自 1949 年新中国成立后，城市照明工程几乎是从无到有逐步得到发展，特别是近 20 年在改革开放浪潮下，我国城市照明工程建设发展迅速，成效显著。一直以来，城市灯光作为国家庆典、民族节庆的重要见证者和参与者，城市地标的装点者，受到政府的高度重视，是国民心目当中非同寻常的存在。

建国初期，除了大城市的一些标志性建筑，如北京的天安门、上海的中苏友好大厦和重庆的重庆市人民大礼堂等外，一般建筑均无景观照明。当时景观照明几乎均以轮廓灯照明为主，而且只在重大节日才开灯。

20 世纪 60 年代至 80 年代，这期间我国经历了经济困难、社会动荡，城市照明工程和其他工程一样，受当时社会与经济变革冲击较大。但一些重点城市的道路照明和重点建筑的景观照明还是在不断发展，其中不少城市的道路照明开始使用高压钠灯，高杆照明开始在城市广场、港口和码头推广使用，如北京的东长安街、建国门内路段、车公庄大街，上海的延安路和南京的中央门广场等。

20 世纪 80 年代至 2000 年，这一阶段城市景观照明工程的建设进入全面发展时期。特别是 1989 年，上海率先在外滩和南京东路景区集中实施景观照明工程的改造和建设，随后北京、天津、重庆、广州、深圳、珠海、大连、青岛和杭州等城市也进行了景区景观照明工程集中建设。其中不少城市以 1997 年迎接香港回归和 1999 年庆祝国庆 50 周年为契机，结合城市改造、市容整治，对一些重点景区和重大建筑物有计划地进行了城市景观照明的建设。

进入 21 世纪后，我国城镇化速度不断加快，由此带来城市照明工程建设需求不断提升。与此同时，随着人民生活水平的提高，各省市景观照明也加大投入。这一过程中，应用的灯具以高压钠灯为主，照明方式以泛光照明为主，能耗高、光污染严重。

2007 年以来，随着技术的进步，LED 照明技术的应用与推广，使得节能、环保等问题得到解决，光污染也得到控制，有力地推动了照明工程建设的可持续发展。同时人们对城市夜晚环境质量、景观水平的要求进一步提高，全国各地景观照明建设热情逐渐升温，呈现"井喷"之势。

从 2008 年北京奥运会、2010 年上海世博会、2010 年广州亚运会，到 2016 年杭州 G20 峰会、2017 年厦门金砖峰会、2018 年青岛上合峰会、2018 年深圳庆祝改革开放 40 周年、2018 年上海进博会，再到 2019 年武汉世界军人运动会和庆祝新中国成立 70 周年各城市灯光主题秀，灯光已经成为一个城市的重要名片。2016 年，杭州 G20 峰会钱江新城主题灯光秀，使用了 70 万盏 LED 灯。这 70 万盏 LED 灯分别安装在杭州 CBD 钱江新城核心区沿岸的 30 多栋高层建筑外立面上，运用声、光、电等现代化的视觉效果配以大型音乐喷泉、自然山水、人文、建筑及杭州 logo 等元素，将文字、灯光、影像显示在由钱塘江沿岸 30 多栋高楼串成的一幅"巨幕"上，呈现出一幅幅具有"中国气派、江南韵味"的画卷。2018 年，青岛上合峰会再创单体项目使用点光源历史纪录，在 4G 城市集群灯光互联网控制系统的控制下，展现了空前的动画效果。城市灯光秀成为一种全新的城市文化载体，得到了越来越广泛的应用。

照明工程行业迈入 4.0 时代

现在，对于照明工程行业发展而言，无疑是最好的时代。一方面，随着技术的进步，LED 照明技术使发光效率提升、成本下降，LED 照明产品也成了行业的主要材料。LED 照明技术的应用与推广，使得节能、环保等问题得到一定程度的缓解，助推了行业的人发展。另一方面，LED 照明产品点光源由于模块化设计实现了灯具的小型化与多样化，LED 照明产品的轻薄形态也为照明设计提供了点、线、面、体的图形化设计可能，让灯光的"可塑性"和"创造性"更强。

从科技发展角度而言，随着互联网、物联网的快速发展，照明工程行业融入更多科技创新元素，借助物联网等智慧科技手段，注重受众的感官体验、智慧运营，将区域文化、夜间经济、环境保护更多地融入照明领域。在技术背景的支持下，随着现代夜间经济兴起，人们对城市夜晚环境质量、景观水平的要求进一步提高，照明工程建设"井喷"大发展的形势还将持续"升温"。

照明工程行业的发展过程是一个不断专业化、细分化、多元化的过程。作为行业最主要的参与者，照明工程公司也在不断地升级，朝着更加规模化、专业化的方向发展。1.0 时代的照明工程公司有一个形象的称呼，叫"包工头"或"个体户"；2.0 时代，照明工程公司的主要工作内容是按图纸施工，对施工图负责；3.0 时代的照明工程公司已经具备了设计、施工双重资质，需要对实施效果负责。

现在，对于照明工程行业而言，无疑也是一个要求转型升级、多元化创新的时代。这个时代对照明工程公司在艺术表现能力、科技水平、资源整合能力、工程组织能力、资本实力等方面都提出了更高的要求。毫不夸张地说，照明工程行业已经迈入 4.0 时代。

4.0 时代的照明工程公司

4.0 时代的照明工程公司是艺术与工程的集大成者。随着"美丽中国"、新型城镇化、智慧城市等概念的落地，城市景观照明的规模越来越大，科技含量和艺术水准要求越来越高。

一是资质要求。我国对从事城市照明工程设计和工程施工的企业有严格的准入标准，不同资质等级的企业分别从事相应等级的项目。

二是设计要求。照明工程设计有着较高的多样性和复杂性，需要赋予景观照明文化和艺术内涵，而这又需要工程设计者拥有较高的艺术人文与设计修养，对工程设计者提出了更高的要求。

三是管理要求。照明工程项目一般规模较大，需要企业在项目承接、工程设计、工期保证、产品选用、建设施工等方面保持连贯运作，因此具有良好的项目管理水平也十分重要。

四是资金要求。企业承接大型照明工程项目，设计、施工及工程材料所需的资金量巨大，因此 4.0 时代的照明工程公司一定要有充足的资金作为后盾。

五是品牌要求。大型景观照明项目招标中，企业规模、过去项目积累的经验与行业口碑，是在竞争中脱颖而出的关键。尤其是目前景观照明项目多以政府招标采购为主，公司的品牌与项目经验都是政府极为看重的。因此，企业长期以来树立的良好品牌形象是在行业竞争中取得有利地位的重要因素。

4.0 时代的照明工程公司拥有更加有利的创作环境和更加雄厚的资本条件，还需要建立更加高效的管理体系，这样才能最终创造出更加和谐、更加以人为本、更加精彩多姿的灯光环境。

灯光对城市的价值

改革开放以来，我国城市的夜间经济活动日趋繁荣。近几年，随着城市建设的发展，城市夜景的塑造已呈现出地域个性化的优势。景观照明已然成为城市建设的重要部分，通过景观灯光的营造和灯光秀等艺术形式展现城市的形象与风采，是大势所趋。城市景观照明在改善城市夜间环境、促进夜间经济发展、改善社会民生等方面做出了突出贡献。

经济价值

城市照明工程建设促进城市夜间经济的发展。城市照明完善后，可以将城市旅游的时间段大大延长，游客不再"日出而动，日落而息"，而是全天候、多方位地去感受城市的多维空间、时间的魅力。照明工程尤其是夜间景观照明，在一定程度上能引领和带动城市内部各项综合服务业价值的提升，使得城市的旅游业不仅在时间上做"加法"，还在效益上做"乘法"。

从城市经营的角度来说，景观照明可以赋予自然山水和历史人文资源更高的附加值，通过延长旅游消费时间提高资源使用效能，使城市和景区的餐饮、住宿、购物、娱乐等多种收入有较大幅度的增长。

商务部的一份调查研究显示，北京王府井出现超过 100 万人的高峰客流是在夜间，上海夜间的商业销售额占全天的 50%，重庆 2/3 以上的餐饮营业额是在夜间实现的，广州服务业产值有 55% 来源于夜间经济。日间的城市以生产性活动为主，夜间的城市以消费性活动为主。因此，点亮城市，将城市经济活动延伸至夜晚，将有效引发夜间隐藏着的巨大商机，而城市照明工程的建设与推进无疑是实现夜间经济繁荣的桥梁。

行业繁盛拉动照明产业发展。据统计，全球 LED 产业市场规模从 2011 年的 1600 亿美元增长至 2017 年的 3859 亿美元。2017 年中国 LED 产业规模达 6538 亿元，是全球增长最快的区域。除 LED 外，其他传统照明灯具依然保有强劲的市场需求，快速增长的产业规模拉动了照明产业大发展。目前，照明产业已形成涵盖产品、设计、工程等上、下游完整的产业链，吸纳了超过几千万的就业人员，对推动经济发展做出了有益贡献。我国灯具制造业通过在应用市场建设规模优势，提升产品竞争能力，照明工程项目要求节能和智能化，促进了产业的迭代升级。

社会价值

城市景观照明工程建设对于建设"美丽中国"、和谐社会具有非常重要的促进作用。一方面，城市景观照明工程建设满足了人民享受美好夜间生活的需求，开创了人民的美好生活；另一方面，丰富的灯光效果营造了城市独特的夜间环境，体现了城市的独特文化价值。

党的十九大报告明确指出，中国特色社会主义进入新时代，我国社会主要矛盾已经转化为人民日益增长的美好生活需要和不平衡不充分的发展之间的矛盾。景观照明顺应了民众对高品质生活的追求，丰富了市民夜间文化生活，提升了民众的获得感、幸福感和安全感。

景观照明可以凸显城市中富有历史或美学价值的载体，使之在夜间也可以焕发无穷的魅力，对于传承城市文脉、挖掘城市深度、体现城市内涵具有重要作用。

灯光还颠覆了传统媒体形式，通过媒体立面和先进的投影技术，传递出主流价值和信息。比如 2018 年国庆期间，全国多地（北京、上海、广州、深圳、青岛、杭州、厦门、武汉、哈尔滨、温州等）均开展了"我爱你中国"璀璨灯光秀主题的夜景活动，夜景活动一时间刷爆社交媒体，人们纷纷晒图、秀视频、留言点赞，成为整个国庆假期最热门的话题，弘扬了爱国主义精神。2019 年央视春节联欢晚会，特别增设了深圳、长春和井冈山三个分会场，每个分会场都运用了强大的光影技术，展现了各地人民庆祝祖国富强、人民安居乐业的盛景，极大地增强了人民的归属感和自豪感。

环境价值

灯光为城市营造出可识别的美。好的视觉和心理体验是景观照明的重要目标。在夜间有选择的照明可以凸显优点，隐藏缺憾。所以，城市夜景使显现的空间结构特点更突出，使城市肌理更清晰、识别性更强。因此，对于有形象展示需要的城市，管理者往往会求助于景观照明，以达到使城市在很短的时间内具有高度的可识别性的目的。

城市夜间环境是城市的第二扇窗，通过灯光点亮城市，能展现出城市的别样风情。改革开放后，中国城市化进程明显加快，大部分城市现代化建设集中于最近二三十年，除了历史遗存较多或者拥有显著地标的部分城市，相当多的城市风貌相近，传统"忠于建筑"的配角式照明难以达成目标，加上现代的玻璃幕墙建筑很难用投光照亮，实际情况也不支持大面积的内透光照明。在这种情况下，"媒体立面"应运而生。最近两年，以杭州、厦门、青岛、深圳等为代表的景观照明都或多或少使用媒体立面的手段，有力配合了国家重大外事、重大纪念活动，向国内外展示了新时代中国城市形象，从侧面凸显了中国改革开放取得的巨大成就，彰显了中国特色社会主义制度的魅力和优越性，得到了中央领导同志的高度肯定。

新时代的机遇与挑战

行业发展充满机遇

近年来，我国城镇化建设大规模推开，景观照明行业取得了长足的发展。随着中国在国际上的影响力日益增强，各类大型国际活动相继落地我国，推动照明工程行业迈进新的时代。照明工程进入 4.0 时代，我们继续在实践中快速发展，同时也将面临更多的发展机遇。

1. 大型庆典和活动推动行业爆发

近 20 年，中国不管在政治经济领域，还是在文化艺术领域，在全球范围内都取得了举世瞩目的成就。从 2008 年北京奥运会、2010 年上海世博会、2010 年广州亚运会，到 2016 年杭州 G20 峰会、2017 年厦门金砖峰会、2018 年青岛上合峰会、2018 年上海进博会……无不彰显大国风范，举办城市无不惊艳世界。景观照明在展示城市形象的过程中功不可没。

中国传统文化中素来以"张灯结彩"来表达喜庆之意。2018 年国庆期间，全国多个城市都举行了盛大的国庆灯光秀表演活动。深圳作为改革开放最前沿城市之一，专门举行了改革开放 40 周年的庆典活动。灯光项目已经成为城市的重要名片，成为表达人民幸福感和获得感的有效方式。

中国在国际上的影响力越来越大，各类大型国际会议和庆典活动还将陆续举行。2019 年，全国各地都将隆重举行庆祝新中国成立 70 周年活动，世界园艺博览会将在北京举行，世界军人运动会将在武汉举行；2022 年，第 19 届亚运会将在杭州举行……这些活动都将为照明工程行业带来新的商业机遇。

2. 文旅夜游注入行业发展新动能

近年来，随着人民生活水平和出游意愿的提升，以及美丽中国、新型城镇化、特色小镇、全时旅游、全域旅游等概念的推进，文旅夜游逐渐成为新的文旅投资风口。文旅夜游是对城市夜景或景区的二次开发，灯光成为不可或缺的部分。因此，打造文旅夜游项目将成为照明工程公司的下一个业务增长点。

照明工程 4.0 时代，虽立足照明工程，但其范围和含义早已不受"照明"二字的局限。文旅夜游灯光秀就是照明工程公司参与文旅夜游项目的主要形式。文旅夜游灯光秀是在特色小镇、主题公园、景区景点等旅游目的地，为丰富游客夜间活动，分时分区主题性地打造环境艺术灯光、光影秀、演艺剧目等文化演艺活动，是以文化为主线、演艺做表现、科技做支撑制造出一种独特的人文、环境、空间审美体验。

这个市场有多大？从《2018 中国主题公园项目发展预测报告》可见一斑。报告显示，至 2020 年底，中国主题公园年总游客量预计将达到近 2.3 亿人次，成为世界最大的主题娱乐市场。如此庞大的文旅消费市场，将为照明工程公司提供巨大的发展空间。

3. 智慧照明成为行业转型新引擎

当前，我国许多城市纷纷把智慧城市的建设提上日程，通过信息通信技术和智慧城市建设来完善城市公共服务和改善城市生活环境，使城市变得更加"智慧"。作为智慧型基础设施，智慧照明设施是智慧城市建设中重要的组成部分，以智慧路灯为载体。每一盏智慧路灯都是一个智能节点，可搭载微基站、广告屏、充电桩、摄像头、温度/湿度传感器、广播等20多项功能。智慧路灯将帮助城市管理者更好地为城市服务：从城市管理上来说，智慧路灯可集成多重功能，让城市生活变得更加便利；从城市景观上来说，智慧路灯可通过功能集成有效减少路面功能杆的数量，并通过外观设计与周围的环境完美融合，使城市景观更现代、更有特色。

2020年前后，5G的应用将趋于成熟。随着5G时代的来临，大容量、低时延的网络传输将变为现实，人类将进入万物互联的物联网时代，智慧城市的建设也将步入一个崭新的阶段。智慧路灯的建设将为照明工程行业点燃科技引擎，让行业转型升级进入快车道。

快速发展面临诸多挑战

照明工程行业快速、高强度、大规模的建设过程中，也出现了诸如光污染、同质化严重、千城一面、超水平建设等问题，引发了行业内外的深入思考和探讨。2018年底，中国照明学会在《关于通过积极引导和行业自律促进城市景观照明核心有序发展》的报告里指出了行业当前存在的"三大问题"，一是超水平建设，二是不注重生态环保，三是同质化严重。这三个问题就是三顶高压帽子，每一顶帽子都有可能将行业置之死地。

面对这些问题，我们应该清醒地认识到这是行业目前存在的客观现实，行业经过近二十年的高速发展之后确实存在诸多问题。这也是行业高速蓬勃发展之后的必经阶段，需要整个行业在发展中能够停下来反思和整顿。只有停下来认真思考，选择正确的方向，才能走得更远。目前整个行业，主要存在以下四个方面的挑战：

1.行业法律规范亟待更新和完善

目前，许多城市的建设没有跟上时代的发展变化，缺少在夜景灯光建设方面规范化、科学化和法制化的法律法规和政策依托，使得有关管理部门在执法中无法可依，造成景观照明效果缺乏统一性和协调性。例如，许多城市街道、广场、建筑立面等外部环境的灯光大多自行设计、各自为政、协调困难，个体的美难以形成整体的美，无法突出城市的总体特色。

由于行业发展迅猛，新材料、新技术和新的表现方式得到大量运用，但是新的行业规范、技术标准的制定等均存在一定的滞后性和不合理性，行业管理者对行业的规范性和指导性工作做得不够，行业乱象的约束性不强，急需进一步梳理规范。

2. 行业竞争激烈，设计和施工乱象环生

照明工程行业以设计和施工为核心。行业竞争激烈或企业价值导向不正确，导致各种乱象发生，主要表现在以下三个方面。

一是设计方案时只注重效果图，忽视方案内在质量。效果图只是设计方案的一部分，反映的是设计师预期项目达到的理想效果，实际中可能会因为各种原因无法达到理想照明效果。但很多照明工程公司，往往忽略深入的调研和验证，施工时也不及时调整，致使大量项目都无法达到预期，令最终效果大打折扣。

二是工程质量没保证。由于行业发展过快，部分规范和监管滞后，施工质量会因为各种各样的原因出现问题。例如，一些并无实力的施工单位通过挂靠等方式进入市场，低价扰乱市场秩序；又如，部分企业施工时偷工减料，采用伪劣灯具、电缆等导致施工质量低下，工程整体照明水平不高，出现灯具易坏、线路易出故障、色温选择与环境不相协调、光污染随处可见等问题。

三是建设规模贪大求多，设计简单模仿。近年来部分城市的景观照明规模越来越大，工程越来越多，似乎出现了有楼必亮的现象。但在设计和规划时只是简单的模仿或直接照搬照抄，大多没有自己的特色和创新，使得人们在欣赏城市夜景的时候总有一种似曾相似的感觉，导致所谓的"千城一面"。

3. 环保节能的要求越来越高

国际上一般将光污染分成三类，即白亮污染、人工白昼污染和彩光污染。不少高档商店和建筑用大块镜面式铝合金装饰的外墙、玻璃幕墙等，这些外墙、玻璃幕墙等造成的光污染属于白亮污染；夜间一些大酒店、大商场和娱乐场所的广告牌、霓虹灯，大城市中设计不合理的景观照明等，将强光直刺天空，使夜间如同白日，造成人工白昼污染；不少地方安装的黑光灯、旋转灯、荧光灯以及闪烁的彩色光源则造成了彩光污染。这些灯光给人们正常的生活、工作、休息带来了不利影响，甚至引起人体不舒适，损害人体的健康。

景观照明工程需要使用大量灯光进行城市夜景营造，为避免光污染和电能的大量消耗，未来对环保节能的要求将越来越高。作为照明工程行业的从业者，要在设计、施工、产品选用等各个方面不断改进和提升，不断强化环保、节能意识。

4. 行业边界日渐模糊，企业综合实力要求渐高

随着科技水平的不断进步，照明工程行业的边界越来越模糊。如今的照明工程公司，不仅仅承担着城市夜景美化的重任，还将参与到夜间经济提升和智慧城市照明的建设中来，需要整合各种声、光、电、3D 投影技术，以及集成控制技术、智能硬件系统、大数据系统等先进技术和资源。

因此，不少科技型企业纷纷盯紧了照明工程行业转型升级的风口，资本市场也开始在行业内风起云涌，这对于照明工程行业来说无疑是巨大的机会，但对于传统的照明工程公司来说，面临的是生存挑战。

在科技和资本裹挟下的照明工程 4.0 时代，照明工程公司只有拥有更强大的综合实力，才能在瞬息万变的形势下持续领先。企业不仅要在设计和施工方面强化优势，还需要打造科技和资本的核心竞争力。同时，企业需要时刻保持清醒的头脑，充分把握行业的前景和趋势，以开放合作的心态，积极面对科技的运用和智慧行业的融合。在管理上，企业需要建立更加高效的组织架构，采用更加科学的管理体系，吸纳更多高端的复合型人才，并始终坚

持打造精品项目的信仰和追求。

照明工程公司的使命

从古至今，眼睛有赖光亮，照明源于灯火。而在今天，在越来越富庶的中国，灯光已经超越了照明需求，步入环境艺术领域，舒适性和高品位的光环境逐渐成为人们高质量生活的向往和追求。灯光有了艺术的生命，光影有了延伸的载体，城市就有了夜间独特的魅力。

在古代，由于受到光源以及手法的限制，古人在夜晚只能在月光下欣赏美景；而在现代，我们不仅可以通过灯光在夜间再现景观之美，还可以通过灯光打造出不同于白天的夜间韵味和风情。通过灯光的设计和营造，完全可以表现出更加完美和令人陶醉的审美艺术。

照明工程 4.0 时代，照明工程公司应以灯光为画笔，以打造光艺术作品为使命，为人们创造更加美好的夜间生活。

以使命感创造更大价值

马克思曾经说过："作为确定的人，现实的人，你就有规定，就有使命，就有任务，至于你是否意识到这一点，那是无所谓的。"由此可见，每个人都是有自己的使命的，企业亦然。使命感，是一个人对自身天生属性的寻找与实现。拥有使命感的人，会对未来充满激情与动力，会为自己和他人创造超乎寻常的价值。

从前，有三个工人在盖房子。行人路过，分别问他们在干什么。第一个工人一脸茫然地说："没看到我在忙吗？工头安排我来砌砖呢。"第二个工人很兴奋地说："我在盖一栋很大的房子，等这房子盖好了，就可以住很多很多人。"第三个工人非常自豪地说："我在做一件幸福的事情，不仅能让很多人住上舒适的房子，还能让这座城市变得更美丽。到时候，每个人都会称赞我们的城市最漂亮。这是我这辈子一定要做的事情！"

十年以后，第一个工人还是一个普通的工人，在工地上埋头砌砖；第二个工人成为工程师，在工地上指挥项目建设；第三个工人当上了这座城市规划设计院的院长，在他的规划下，这座城市正变得越来越美丽。

在这个故事中，第一个工人每天都很忙碌，他把每天的忙碌当成一件习以为常的事情，只是听别人的安排，完成任务就算了，从来没有想过树立自己的使命感，也不会发现工作背后的意义，于是工作起来没有动力，得过且过。时间一天天、一年年地过去了，他始终是一名普通的工人。第二个工人和第三个工人，他们为工作赋予了更高的意义，虽然也是在盖房子，可是在他们的心目中，为别人建造房屋和让城市变得美丽是他们更大的目标。因为有了使命感，他们有了明确的目标，并为此不断地付出和努力。这样年复一年，他们在践行使命的过程中，为自己赢得了精彩的人生。

作为照明工程公司，如果我们的眼光仅仅局限在一座建筑的亮化工程，那么我们的工作便会像第一个工人一样难以超越。但如果我们将格局放得更高远一些，我们正在创造的便是一个城市的美好夜生活。我们工作品质的好与坏，直接影响的是一个城市的观感和形象，影响的是一个城市数百万甚至是数千万市民的夜生活品质。如果我们以这样的格局和使命感去看待我们接手的每一个项目、每一个工程，那我们一定能为城市创造更多更优秀的光艺术作品，为人民创造更多的幸福和美好。

以匠人精神打造匠心作品

一件优秀的光艺术作品将会直接提升城市的美好形象，同时提升人民的生活幸福感，如果每个从业者都能时刻以"无愧于时代、无愧于国家、无愧于人民"的使命感和担当去做好手头的每件小事，何愁做不好工程项目呢？所以，我一直倡导以匠人精神打造匠心作品。

在第十二届全国人民代表大会第四次会议上，李克强总理在政府工作报告中提出，要"培育精益求精的工匠精神，增品种、提品质、创品牌"。这是"工匠精神"首次出现在政府工作报告中。工匠精神是工匠对自己生产的产品精雕细琢、精益求精，追求完美和极致的精神理念。很多人认为工匠是一种机械重复的工作者，在效率至上的时代工匠精神有些过时了。其实工匠虽已淡出现代人的生活，但他们代表的精益求精、推陈出新的精神永不过时，工匠精神（匠人精神）在照明工程行业显得尤为重要。

光作为一种非标准品，它的变幻莫测、如梦似幻的特性，让人们完全通过视觉观感最终获得愉悦的精神体验。光的这种神奇的魅力也给照明工程公司的设计、施工带来了很多的不确定性。从灯光的艺术设计到深化设计，再到施工都需要反复试验调试求证。没有匠人精神，是不可能完全达到良好的工程效果的。

以匠人精神打造匠心作品，既要求我们着眼于当下所做的每一件小事，专注于每一个作品，又要求我们格局宽广，站在建设城市乃至国家的美好夜生活、创造市民更加精彩的夜生活、献礼美丽中国的高度去创造城市光艺术作品，真正践行照明工程公司的使命，实现照明工程公司的价值。

以创新精神开创广阔未来

照明工程 4.0 时代的照明工程公司，不仅要忠于作品，还要忠于行业，以行业的发展为己任，勇于开拓创新，引领和开启行业的长久可持续兴盛。

照明工程是一种创造性的实践活动，深刻地改变着世界，塑造着未来。从学会用火开始，人类就在不断地使用和创造光。有赖于近代科技的飞速发展，LED 光源、媒体立面和投影技术的广泛应用，照明工程行业的市场规模空前扩大。但随着各地城市建设逐步完成，现有的城市景观照明建设需求必然会有放缓的一天。彼时，我们的行业又该何去何从呢？这是所有的行业从业者都需要思考的问题。

前文我们已经提到，智慧城市建设和夜间经济为照明工程行业带来了新的发展契机。同时，随着传统的景观照明逐渐饱和，后灯光时代的序幕已经拉开。城市灯光环境的运营与维护，成为行业发展的新课题之一。

照明工程 4.0 时代，市场对公司的科技含量和技术实力要求越来越高。

例如，智慧路灯作为智慧城市建设的入口，也是未来 5G 基站站点的载体，是集智慧照明、视频监控、交通管理、环境监测、无线通信、应急求助等多功能于一体的信息基础设施。传统的道路照明工程极少涉及物联网、通信工程、大数据平台等前沿技术，但如今能够熟练运用上述前沿技术成了参与智慧路灯建设的基本标准。

　　未来的市场是企业综合实力的比拼，行业的边界将越来越模糊。企业只有不断拓宽自己的外沿，与其他行业相融合，才能应对瞬息万变的市场。照明工程 4.0 时代的照明工程公司，只有始终保有创新精神，以科技进步引领企业发展，才能抓住时代的机遇，开辟更广阔的发展空间。

02

值钱比赚钱更重要

"滚滚长江东逝水，浪花淘尽英雄"，这个世界的竞争无比残酷，又无比真实。如果一个企业对市场、对社会不产生价值，即使产品做得再有价格优势，之前再风光，一样会被无情地淘汰。

2012 年 1 月，美国柯达公司及其子公司正式依据《美国破产法》提出破产保护申请。曾几何时，这个全球共 8 万余名员工，拥有 132 年历史，叱咤风云的胶卷业巨头，就此成为过眼云烟。可笑可叹的是，柯达早在 1976 年就研发出数字相机技术，但为了不影响主打产品胶卷的利润，这项新技术竟一直被柯达自己搁置了起来。等到佳能、尼康等品牌的数字相机行销全球时，柯达胶卷变得一文不值。在 1976 年那个遥远的年代，与数字照片相匹配的计算机并不像如今这样普及，做数字相机必然价格昂贵且利润微薄，所以被柯达无视了。但是他们没有意识到——值钱比赚钱更重要，企业的明天比企业的今天更重要，科技进步必将带动产业模式和消费模式的革新。

如今，照明工程进入 4.0 时代，大型城市灯光秀、文旅夜游、智慧路灯等新的产业形态正欣欣向荣、蓬勃发展。市场向照明工程企业提出了更高的要求，一直陷于低端产业链中的企业若无法达到要求，其生存空间将会被不断压缩；只有提早布局、坚持积累、强调精品、追求品牌价值的企业才能在未来的竞争中占有一席之地。

公司可以不赚钱，但一定要值钱

赚钱的公司不一定走得长远

在资本眼里，公司分两种——赚钱的公司和值钱的公司。尽管任何企业都需要赚钱，但"赚钱"有时是个贬义词，它不一定指公司现金流充足，有时反而说明公司缺乏想象力。在资本眼里，一些正在赚钱的公司反而并不值钱，他们从来都是投资企业的未来。相比当下赚钱的公司，他们更愿意追逐未来值钱的公司。因此，公司"值钱"比公司"赚钱"重要得多。

以餐饮行业举例，一个拥有优秀主厨的餐厅两个月就可能实现赢利，是名副其实的"赚钱"餐厅；另一个花费上百万元研究标准流程的餐厅，一年都未必能赚钱，但这种餐厅是"值钱"餐厅。社区楼下的小餐馆可能真的很好吃，但它永远不可能成为肯德基、麦当劳这样的连锁大品牌，但第二种餐厅有可能。因为第二种餐厅形成了自己的核心竞争力，扩张起来更快、成本更低。此外，赚钱的公司不一定走得远，因为它依靠的是"主厨"一个人，"主厨"一走，生意就很难保证了。

在资本眼中，赚钱的公司通常会有三个明显的局限性。

第一个局限性，这些公司具有一个最普遍的特征，就是经营业务范围区域化，缺乏拓展性。比如他们会说自己是某某省市第一，或者说自己主打某某地区市场，这种公司一开始就被束缚在了特定的区域，业务体量和市场容量都受到了限制。在照明工程行业，区域化项目一般都是创始人根据自身资源界定而来的，公司业务很难有更多拓展的空间。

第二个局限性是片面追求利润更高的客户，忽略品牌建设。如今资本和市场对于企业的考核标准不再只是营收，而是更加重视企业的品牌以及用户的价值和增长。这种估值算法更加科学，更具趋势性，如果仅按营收来算，公司的价值就会被严重低估。在照明工程行业，一些非常有价值的项目，经常被一部分照明工程公司忽略。这些项目并不赚钱，但能极大地提升公司的品牌价值，尤其是一些城市地标性建筑项目，而赚钱的公司极容易错过这些机会。

第三个局限性是有利润，没前景，无法形成商业闭环。赚钱的公司往往过分追求利润，通常会从利益本位出发，容易忽略客户真正的需求，难以获得客户的信任和忠诚。从客户导入到流出，一单生意结束，客户可能就流失了。但在照明工程行业，只有将客户当成我们的好朋友，进行全流程的项目营造和管控，形成商业闭环，才能一直锁定用户生意，才可能发展壮大。

用想象力和差异化保持竞争力

那么，值钱的公司又是怎样的呢？我认为，衡量值钱的公司的标准并非现金流，而是赢利模式的无限想象力。你会投资一个未来市场空间只有100万元的公司，还是会投资一个未来市场空间有100亿元的公司？资本通过股权投资的方式放大企业价值，加速企业生长，最终通过上市、并购的手段实现资本的增值。所以，想象力才是公司值钱的关键。

值钱的公司通过差异化定位形成自己独特的优势。只有自己定位准确，才能向客户传递正确的品牌信息。通过提供差异化和独特性的产品或服务，公司才能在行业中占有一席之地。选择一个好的切入点，能快速建立公司在行业内的品牌和地位，逐渐形成抢占市场份额的优势。

在创立照明工程公司伊始，我就强调我们做的不是亮化工程，而是"光艺术作品"——高端化、差异化的光艺术作品。在这个定位基础上，我们开始打造照明工程行业里全新的品类和品牌。只有与传统的亮化工程拉开差距，才能体现出我们的优势和不可替代性。这些优势和不可替代性，还会不断加深业主对我们技术和品牌的"依赖"。

确立了差异化的定位，就要集中精力去挑选符合这一定位的项目，并用匠心去营造，呈现最完美的作品。这些完美的作品必将变成公司最宝贵的资产。例如，我们曾经做的一个文化中心项目，有幸摘得了有全球照明界的"奥斯卡金像奖"之称的IALD卓越奖。我们在第一时间通过媒体发布了这一喜讯，一时间，公司的品牌知名度和美誉度大增，对公司日后的项目接洽和业务开展助益非常大。

品质决定生存，眼光决定未来

在照明行业摸爬滚打了二十几年，我几乎参与了照明行业产业链的各个环节，可以说见证了整个产业链的兴衰巨变。在我们这个行业里，有人做低端复制；有人为大的灯具企业做贴牌、做经销；有人打价格战，希望靠价格优势排挤掉同行；当然，也有人专注于打造高品质的产品或工程。我们看到，如今有些企业的利润和生存空间越来越狭窄，而有些企业的路却越走越宽，不但公司做得好，还引领了产业升级的步伐。大浪淘沙后，我越发觉得在照明行业中，唯有品质决定生存、眼光决定未来。

选择正确的"赛道"

我曾有过一次比较"失败"的创业经历。和很多早期入行的人一样，我入行时做的是路灯照明工程。之后随着 LED 产业的兴起，我开始做飞利浦、TCL 等大品牌灯具的经销商。虽然当时的收入还很不错，但"苦恨年年压金线，为他人作嫁衣裳"。经销商不过是打着别人的品牌赚钱，在市场上并没有竞争力，长期来讲，抗风险能力也非常低。

于是，我开始探索转型。2008 年时，我创办了自己品牌的 LED 产品公司，那时我希望公司能两条腿走路：一条做外贸，一条做内销。我们什么都做，包括 LED 制作、封装等。但后来我发现，那是一场"失败"的投资。我的产品线拉得很长，为了保证产品品质和竞争力，每年的研发费用非常高，工厂一直处于微利甚至亏损的状态，只能勉强维持生存。

随后几年，市场竞争环境不断恶化，国内 LED 灯具企业生长规模不断扩大，行业产能过剩，供过于求，产品同质化严重，很多商家不得不采取自杀式低价销售策略。在那几年，LED 的产能扩大了 10 倍，价格却跌落到原先的 1/10。我意识到，如果再不"壮士断腕"，在这条错误的道路上继续前行，公司资本将很快消耗殆尽。我必须尽快换一条"赛道"，重新进行布局。

从整个照明行业的结构来看，产品制造很难逃脱同质化竞争命运，而工程项目的想象空间就大多了。所以，2010 年 10 月，我正式注册自己的照明工程公司。2011 年的清明节假期过后，所有人都从原先的 LED 生产企业撤出，来到工程公司上班。公司草创之时，全公司除了我只有三十个人，我就给这些员工开会，制定了公司的"第一个五年计划"，明确了我们公司要做高端化、差异化的光艺术作品，我们要走精准化的营销路线，重视品牌建设和品牌宣导，公司可以先不急着赚钱，但要先想着如何变得值钱。

在"第一个五年计划"里，我们的一切工作都围绕着如何使公司变得值钱、如何树立品牌形象展开。我们一直坚持打造高端化、差异化的光艺术作品，通过精准营造和努力创作，最终在 2016 年摘得了行业的最高奖项——IALD 卓越奖，公司一跃成为国际照明界最高奖项得主。此后，我们不仅多次获得中照照明奖和亚洲照明奖等权威奖项，还一年一个台阶地高速发展。公司成立五年取得双甲资质，六年成功对接资本市场，团队规模从 2012 年的三十人，发展至 2018 年 12 月近两百人。

坚持初心，方得始终

创业过程中，我们会面对很多诱惑，只有坚持初心，才能做出正确的选择。创业之初，我们曾经有过一段坚守期，整整一年时间我们一个单都没接，一直在锻造团队和修炼内功，忙于精选项目及前端引导。由于我们的目标是打造光艺术作品，所以我们将项目范围锁定在城市地标或有影响力的项目上。这一年时间，我们不断地跟进那些符合我们营造目标的精选项目。

我记得曾经有一个商业项目，总价测算下来要 4000 多万元，但业主要求我们 2500 万元做下来。业主当时已经在合同上盖好章，就等着我们签字，但我们始终都没有答应。原因就是，我们要做的是光艺术作品，这个预算根本无法实现。虽然我们当时资金链比较紧张，但评估下来，项目不符合我们精准化营销的战略，就是不能做。

当时有些员工不理解，觉得像我们这种小公司，应该先解决生存问题。我就向他们重申了公司的理念：公司赚不赚钱不要紧，但必须要值钱。在那段时间，我不惜成本地做光效验证，引导业主加深对光艺术作品的理解。同时，我们还培养了一支精兵施工队和优秀的电气工程师团队，为未来做精品工程夯实基础。对目标定位的坚持和对品质的严苛要求，让我们在蛰伏一年多后开始真正发力，并且很快得到了回报——在公司创立的第三年，我们投了 7 个标，中了 7 个标，现金流终于涌了进来。

用长远眼光布局未来

公司决策者的眼光，直接决定了公司的未来。那几年，房地产市场仍然非常火爆，很多照明工程公司趋之若鹜。但我始终坚持不要去跟进房地产项目。因为房地产开发商对于户外照明的需求，往往只是简单亮化，不可能是我们想要营造的光艺术作品。

很简单的道理，开发商的房子是卖给居民的，居民只会关注室内照明，而室外照明满足功能需求即可，他们不会在意房子外立面的照明是否漂亮。相反，一些楼盘的室外照明做得太好，他们还会觉得开发商借此抬高了房价。所以，大部分房地产开发商都不会对户外照明有太高的艺术追求，做 1000 单这样的工程都只会是低端复制。另外，房地产企业的财务状况也参差不齐，一旦遇到资金情况不好的项目，我们还可能遭遇回款难的问题，那就得不偿失了。

有的东西眼前看似庞大，也许快近夕阳；有的东西眼前看似弱小，可能正是"星星之火"，即将燎原。当初很多人认为房地产项目的户外照明是一块还不错的"蛋糕"，但随着 2016 年 G20 峰会在杭州召开，以灯光秀为主题的城市景观照明在中国呈"井喷"之势，当初那些热衷于纯房地产项目赚快钱的公司，因为在艺术和科技领域的严重落后，很多已无力进入这块新兴的市场了。

滚滚洪流，浩浩荡荡。随着 5G 时代的来临，未来我们的照明工程行业将朝着文旅夜游、智慧城市的方向发展。集成智慧路灯杆配合车载应用，将助力无人驾驶迅速进入人们的生活，人们可以在汽车上观看电影和体育赛事直播，LED 屏幕可以模拟真人进行视频对话，即使不回家，晚辈们也可以给长辈们来一场隔空音乐秀……设计和科技必将引领照明工程行业进行进一步的转型升级。

理念驱动管理升级

行业是不断迭代发展的。正因为如此，我们更需要不断完善和升级管理体系，用高效的管理促进企业生产力的提升。在明确公司"高端化、差异化"的战略定位后，需要全面梳理公司的组织架构和运营流程，完善和优化相关管理制度和措施，进一步"向管理要效益"。

搭建高效的组织架构和流程体系

在公司发展的不同阶段，随着组织规模的扩大和能力的改变，对组织架构也要相应进行变革以适应组织的发展。在创业阶段，企业需要快速反应来保证生存，组织架构应简单，围绕主要职能来设置部门即可，如果组织架构过于臃肿、部门过多，就会造成流程割裂、效率低下，公司的生存就会出现问题。公司发展壮大后，如果仍然粗略地设置组织架构，就会导致重要职能薄弱或缺失，公司就会缺乏相应的能力，其发展就会受到影响。就像人小的时候，如果穿过大的鞋，就会举步维艰，怎么也跑不快；长大成人后，如果再穿小时候的鞋，跑的过程中一定会受到束缚、疼痛难忍。

如今的照明工程公司，不再是包工头或按图施工队，已经成长为具有强大设计和施工能力的现代化企业，只有具有健全的内部组织架构，才能保证公司的有效运行。公司的内外部环境、发展战略、生命周期、技术特征、组织规模、人员素质等是动态变化的。为了实现公司的战略目标，我们必须根据不同时期的环境和使命进行组织架构的调整。

4.0 时代的照明工程公司，以打造光艺术作品为目标，因此，一个高效的作战团队显得尤为重要。那么，何为高效呢？我认为高效至少包含高效率和高效力两个要素。既无效率又无效力的公司是无法生存的；有效率但无效力的公司创造不了真正的价值，缺乏核心竞争优势；有效力但无效率的公司会造成大量的资源浪费，导致机构臃肿，也将举步维艰。所以，高效应该是高效率和高效力的统一。

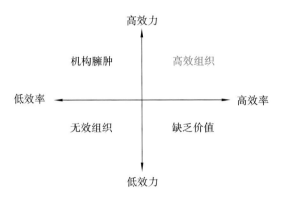

｜高效组织需要同时具备高效率和高效力

经营企业，犹如行军打仗。照明工程公司可以模拟军事作战布局来打造高效组织，以"高端化、差异化的光艺术作品"为战略方向，建立职责清晰、制度明确、流程顺畅、信息共享、内控严谨、决策高效的管理架构。首先将公司的部门分为前端、中台、后台三个层次，依靠科学的管理模式进行合理的分工，形成精前端、强中台和稳后台。

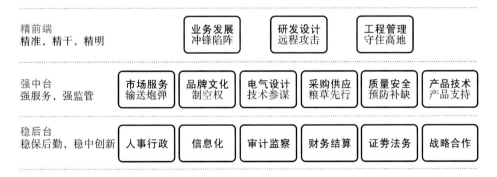

｜打造精前端、强中台、稳后台

精前端——要求前端直接与客户接触并服务于客户的部门必须由精兵强将组成，包括业务发展、研发设计和工程管理团队。其中，业务发展团队负责"冲锋陷阵"，研发设计团队进行"远程攻击"，工程管理团队负责"守住高地"。

强中台——要充当前端强有力的后盾，重服务，强监管，包括市场服务、品牌文化、电气设计、采购供应、质量安全、产品技术等团队。他们必须积极配合前端部门的需求，为他们"准备粮草"、"输送炮弹"，做到未雨绸缪，快速响应。其中，品牌文化团队扮演着抢占"制空权"的重要角色，负责营造品牌影响力，保障"地面部队"向前推进。

稳后台——以保障后勤、稳中创新为目标，是公司长远稳定发展的基石，包括人事行政、信息化、审计监察、财务结算、证券法务、战略合作等部门。

随着公司业务的不断发展，这些部门逐步形成了一整套标准化流程体系，有效保障了光艺术作品顺利落地。其中，品牌文化团队负责对业主进行光艺术作品的包装升华和理念宣导，业务发展团队不断推动项目，研发设计团队用精品方案和深化设计、光效验证、精品施工等一系列"拳头环节"打动业主……通过各部门积极配合，最终营造出符合公司目标定位的光艺术作品。

采用先进的管理制度和方法

高效的管理还需要有规范的制度和严格的执行。没有规矩不成方圆，没有制度就没有标准，管理就没有尺度和约束。当团队在十个人左右的时候，管理靠的是管理者的人格魅力，只要有一个有能力、有魅力的管理者，团队就可以发展得风生水起。但是当团队到了几十人、上百人的时候，管理靠的就是企业的管理制度。只有实施制度化管理，才能更好地约束和规范人的行为。

对于 4.0 时代的照明工程公司来说，完善的制度体系必不可少。在与资本市场正式对接后，我们便开始对公司内部的管理制度进行优化升级。为此公司专门成立了专项小组，分三个阶段分别进行了前期制度信息沟通、梳理优化，中期制度审核、团队决策和后期制度汇编、制度签批学习。通过对"组织架构体系"、"人力资源管理制度"、"采购管理制度"、"工程管理制度"、"设计工作流程"、"财务管理制度"、"对外投资管理制度"等进行优化升级，保障了公司健康、平稳地运营。

对于光艺术作品的营造过程，也需要有相应的制度和标准来保障。例如，在施工的工艺方面，工程小组的组长要对工人的作品进行标准考核，工程负责人也要进行内部抽查；每做一项隐蔽工程，都必须拍照存档，以保障隐蔽工程的质量；在采购过程中，要以相应的标准要求上游单位，严格按照我们的要求生产产品；产品进场时，我们也要按照相关标准对质量进行核验；我们在光效验证上也建立了相关标准，对光的亮度、同步性、均匀性等进行把控，最终使光效符合设计要求。通过一系列的制度和标准，加上设计、施工、采购等部门紧密配合，切实保障了项目的最佳呈现。

建立合理高效的激励机制

为了提高员工的工作积极性，我们还需要建立合理高效的激励机制。我们从考核制度、分配制度和模式创新三个方面建立了一套行之有效的激励机制。

首先，建立绩效考核制度。在公司不断成长壮大的过程中，随着员工数量的增加，职能不断细分，我们开始采用关键绩效指标（KPI）来进行员工绩效考核。KPI的优点是目标明确，有利于公司高端化、差异化战略目标的分解和实现，通过整合与控制，使员工的行为与公司目标要求的行为相吻合，达到个人利益与公司目标的统一。建立明确且切实可行的 KPI 体系，能够最大限度地防止惰性和激励员工。

其次，配合 KPI 的制定，我们建立了相应的分配制度。公司实行两级分配制度。一级分配由公司财务根据公司实际收入和制度进行分配，二级分配由各业务单元进行分配，这样不仅可以保证公司目标的达成，还可以有效激励员工的工作积极性。例如，工程产生的收入，一部分交由公司财务分配，另一部分由项目负责人进行分配，因为只有负责人才能够准确评估部门内部人员的实际贡献度；财务作为每一项工程的"警报器"，需要全面监控项目的各项成本，一旦出现超标及时提出警示。

最后，积极改革利润分配模式，与业务人员形成利益共同体，可以最大限度地激发业务人员的潜能。通常，工程公司的业务人员是按照项目金额的一定点数分成，在这种模式下业务人员的收入不与公司的成本和利润率挂钩，以致他们往往拼命地靠低价去获得项目。靠低价拿下来的项目，一方面无法保证公司的利润率，另一方面很难打造出理想的项目效果，进而影响公司整体的战略实施。更有甚者，有些工程公司还会通过降低工艺和原材料标准来挤压成本，以获取更高利润，最终损害的是项目效果和业主的利益。这种项目的不良影响非常深远，工程公司到最后极有可能因为工程质量低下连款都收不回来。因此我们就思考，如何让业务人员也能够站在公司的角度思考问题，在保证公司合理利润的同时创造更大的价值。业务合伙人模式让公司与业务人员形成利益共同体，通过公开财务核算，对最终利润进行分成，这样就大大激发了合伙人对成本和项目效果的关注度，促使合伙人一起为创造优质项目努力。

团队的核心是"人"。任何时候，我们都需要对人进行激励和鼓舞，使人们彼此协作。通过薪酬激励和股权激励等物质激励，可以大大调动员工的工作积极性。同时，我们还需要运用晋升、培训、荣誉等多种激励方式，促使员工发挥主观能动性，更加创造性地开展工作。在公司发展的不同阶段，公司都十分重视人才的培养，建立了系统的培训体系，有计划地开展人才培养。公司的人才培养体系涵盖所有员工，具有内部培训和外部培训两种渠道，公司主要通过专项能力提升、岗位历练等形式开展人才培养工作。例如，公司会不定期对外邀请供应商开展专项培训、组织同行业优质项目参观学习、参加行业沙龙等；在公司内部，还成立了"学习大讲堂"，利用内部优质资源，开展作品管控体系、流程制度、工作技能等方面的培训，以帮助员工拓展视野、提升能力。

我们一直倡导"公司发展无限，团队发展无限，个人发展无限"的理念。如今，我们进入照明工程的 4.0 时代，未来照明工程行业还将不断升级，整个行业的发展充满想象，公司的发展无上限，员工个人的发展同样无上限。公司为员工打造一个实现梦想的舞台，必将促使他们发挥更大的潜力，创造更大的价值。

高效团队如何工作

总是有人问我，怎么才能打造出一支有战斗力的团队呢？或者说高效的团队是怎么工作的呢？我认为，高效团队首先有共同的企业价值观，然后是能做到高效沟通、充分信任和适度授权。

高效沟通

光艺术作品的真正落地，需要多方密切且高效地合作。我们的设计与施工团队在概念设计、深化设计、光效验证、标准化施工等诸多环节有紧密且高效的沟通；公司的业务、采购、成本、财务等部门会根据需求从旁积极沟通配合。因此，我们说，对于一个工程团队，沟通的成效决定了工作的成效。

在照明工程项目实施过程中，要实现高效的沟通，关键是为对方增加价值，而不是一味向对方索取价值。这就要求我们的团队成员之间有充分的信任和共识。例如，在一个项目中，设计师往往会提出很多高要求，让工程团队按照他的想法来施工，对设计方案会进行多次光效验证和深化设计，以验证其可行性，这就很容易与施工团队产生摩擦——到底是设计师好高骛远，还是施工团队缺乏主观能动性，或者是双方都有问题。这样的摩擦，只有双方目标一致，通过高效的沟通达成共识才能消除——用双方都认可的方式，做出符合业主需求的光效模板。光效验证是打造光艺术作品必不可少的环节，比如，我们在做某银行总部大楼的亮化工程中进行了 12 次光效验证，获得 IALD 卓越奖的项目也至少做了 5 次光效验证，每次都需要团队成员一起想办法，沟通出最好的解决方案。

4.0 时代的照明工程公司中，各部门的沟通是高效且愉快的。每次沟通，我们需要感受对方的感受，感受对方的情绪，以同理心来感受对方情绪背后的需求。当我们关注对方的感受和需要，而不是对方的行为时，更容易促成彼此之间的倾听、理解和互助，这样的沟通就会更高效。

充分信任

在团队合作中，团队成员之间的关系和信任度，是影响工作绩效的关键因素。虽然信任是一种心理契约，但如果团队成员之间缺失了信任，团队合作的实现便失去了秩序和保障。信任关系不仅包括看得见的分工与合作，还包括看不见的情感信赖。这种情感依赖需要在日常的沟通中来形成。

首先，我们需要营造坦率解决问题的环境，大家开诚布公地沟通见解。沟通是双向的，只有在深度了解对方需求的基础上表达自己的观点和诉求，双方才能找到合作的平衡点。其次，要形成乐于分享的氛围，使大家同频共振。当双方观点不一致时，尽可能求同存异并达成共识。达成共识的前提就是信息对等。只有沟通双方都把现场的具体信息充分共享出来，才能够得到对方的充分理解和信任。工程团队必须能理解设计团队的想法，这样才能准确地实现工程效果，公司的其他部门，如账务部与采购部之间沟通时同样如此，只有互相了解了对方的工作模式和原则，才能更好地配合协作。

适度授权

除了各部门的沟通与信任，我们的团队还需要授权。照明工程公司普遍实施扁平化管理，团队中充分的信任、上下级的授权，可以让领导者从日常事务中解放出来，同时也能让员工获得成长和发展的机会。通过授权，公司的业务、财务、采购等部门的主观能动性才能被调动起来，在设计、施工等公司的核心环节中完美配合。

授权的目的并不是让团队成员去做自己不愿意做的事，而是让他去做他所擅长的工作，并从中获得能力的提升。这就相当于让他去"练级"，随着能力的提升，他就可以承担更多的责任，获得更大的权限，从而形成良性循环。

在授权时，我们需要讲究适度原则。第一，上级要清楚授权的界限，知道哪些工作可以授权，哪些工作不可以；知道什么时候可以授权，什么时候不可以，知道授权的额度。第二，上级要清楚授权的对象，这需要充分了解下属的强项、工作量等，并且在授权后提供足够的支持，帮助下属成功。

当给予财务、采购、业务等部门一定的自主权后，管理者就不需要事必躬亲了，工程公司的项目运转也能更加高效健康。

一个团队，一个目标，一辈子，一件事

一个公司的制度建设固然重要，但我认为，建立起公司自己的企业文化，才能引领公司所有人朝着一个目标前进。文化就像盐开水里面的盐一样，你看不见摸不着，但溶于公司每一个人的内心。文化是最有引领作用的，把盐开水里的水倒出一些，杯子里的水还是咸的，再倒一些白开水进去，原来没有味道的白开水也就有了咸味。因此，只要有企业文化在，无论谁要离开，谁将加入，团队都不会走形，依然会朝着一个目标前进。可以说，企业文化才是企业真正的战斗力。

在刚刚成立照明工程公司的时候，我就提出一个价值理念——"一个团队，一个目标，一辈子，一件事"，这辈子就做景观照明这一件事，我们的目标就是打造高端化、差异化的光艺术作品，没有其他。

一只海鸥的故事

我们的企业文化称为"海鸥文化"，源自我读过的一本书。这本书的主人翁是一只海鸥，这只名叫月那丹的小海鸥，教会了我事业规划，也教会了我很多人生哲学。当我第一次读到这本书时，我就深受启发，马上组织全公司参加了三天两夜的封闭式学习。下面就与大家分享一下海鸥月那丹的故事。

从前，在海滩上有一群海鸥。它们经常在海边靠游客或饲养员的施舍生活。每天都有小鱼小虾可以吃，自己也不用去捕鱼，海鸥们活得自由自在，无忧无虑。但月那丹并不满足只吃一点小鱼小虾，它还想去吃深海里面的鱼。为了去吃深海里的鱼，它不断地练习本领，加快飞行速度，改良飞行姿势，它一次一次差点被海浪拍死。

其他海鸥不理解月那丹，说它瞎折腾、好高骛远、不务正业，认为它的飞行试验太危险了，还把它赶了出去。有些海鸥还嘲笑它不可能成功，不可能吃到深海里的鱼。

但月那丹并没有因为嘲笑和不解而放弃目标。终于有一天，它用坚强的意志和惊人的速度，吃到了深海里的鱼。那鱼肉的鲜美，远不是小鱼小虾可比的。这时月那丹并没有忘记它的同类，而是飞回到海鸥群中，将它的捕鱼技术传授给那些当初对它充满讥讽的海鸥。于是，在月那丹的带领下，大家都吃到了深海里的鱼。

海鸥文化

这个故事非常生动，我们后来把月那丹的精神总结出来，形成了公司独有的企业文化——海鸥文化。我们要像海鸥月那丹一样，在惊涛骇浪中，不断挑战自我；不怕天高，不畏海深；追求卓越，携手前行。我们将这些精神浓缩成了六个关键词，即目标、拼搏、坚持、勇敢、感恩和使命。

重温月那丹的故事，不由想起当年自己转型的心路历程。2007 年，我做国内外知名品牌灯具经销商的时候，一年有三千多万元的营业额，每年的净利润有五六百万元，可以说躺着赚钱，生活无忧无虑，就像那群海鸥一样很滋润。但我就是想转型，吃"深海里的鱼"，结果做 LED 企业，差点爬不起来。但失败并没有让我止步，我依旧不畏艰难，积极探索，终于找到了光艺术作品这条正确的道路。

从月那丹身上，我们学到了很多珍贵的品质，其中最重要的是"感恩"二字。月那丹懂得感恩，对待那些曾经嘲笑它、驱赶它的同类，从来没有忌恨，在它实现了目标后，还要把技巧教给它们，带着大家一起去吃鲜美的深海鱼。我们做企业也一样，只有懂得感恩和具备奉献精神，不计眼前得失，才能把事情做成。这也是企业家的胸怀，永远不要吝啬对市场的投入，也不要敌视同行的挑战，当我们发现了新的方向，就应该发动大家共同去努力和创造，只有这样，市场才会越做越大。因为心怀感恩，所以我写了这本书，希望将这些年在行业内积累的经验，分享给更多的从业者们，一起把我们这个行业做得更好。

在公司内部，"海鸥文化"不仅是管理文化，更是价值理念。它所倡导的不畏天高、不怕海深、不断挑战自我的精神，一直激励和鼓舞着我们的团队，它所形成的追求卓越、携手同行的文化氛围和价值导向形成了一种精神激励，有效地调动与激发了大家的积极性、主动性和创造性。

03

为什么中标率那么低

懂得选择，学会放弃

经济学中有个著名的二八定律——社会上约 80% 的社会财富集中在 20% 的人手里，而 80% 的人只拥有 20% 的社会财富。该定律是 19 世纪末 20 世纪初由意大利的经济学家巴莱多提出的，又称为巴莱多定律。他认为，在任何一组东西中，最重要的只占其中一小部分，约 20%，其余 80% 尽管是多数，却是次要的。二八定律在照明工程行业同样适用，我们需要将 80% 的精力投放到 20% 的重点项目上。也就是说，对于一家照明工程公司而言，一年下来，只需做好几个重点项目就足够了。

重点项目对于企业的意义非常重大。首先，重点项目通常体量和规模巨大，与之相匹配的资金量也大，能为企业带来巨大的营收回报；第二，企业对重点项目投入了大量资源和精力，能够有效锻炼队伍，促使团队快速成长；第三，重点项目容易快速形成品牌效应，能够为企业背书，有效提升企业的品牌形象。我们将企业目标定位为做精品工程，做差异化的光艺术作品，这其中最重要的第一步，就是优选重点项目。

你就是那个陪跑的人

在与同行交流时，总有一些照明工程公司抱怨——每次招投标信息一出来，我们第一时间去准备投标文件，哪一次不是通宵达旦，花了不少力气，但中标率为什么总是那么低？感觉天生就是陪跑的命啊！

在我们这个行业中，这样的公司不在少数。他们总觉得投标机会多多益善，面对市场上眼花缭乱的招投标信息，从来不加以甄别，总是不分价格、不分工程类型、不做项目定位匹配，就一头扎进去。他们在投标前并没有做足够的功课，没有对甲方需求进行足够充分的了解，对于自身的优势没有清晰的认识，就一窝蜂地去投标。这样自然是很难取得好的结果的，多数情况下都是白费工夫。举个极端的例子，我听说过一家照明工程公司曾经一年投了几百个标，最终统计下来中标率不足 4%，可见见标就投绝不是一个好的策略。

如果你的公司正在采用这种广撒网式的投标策略，那么，你们就注定是那个陪跑的人。而陪跑，不仅仅是人力物力的损失，更重要的是时间成本的浪费，还有更多宝贵的成长机会也一并失去了。

有招投标经验的人都知道，在投标文件准备的过程中，需要研究和准备大量的资料，并且要做许多细致的资料提交工作，需要耗费大量的人力物力。更严重的是，一旦文件稍有错漏，就会导致废标。如果一个公司经常废标，这其中的沉没成本将是非常巨大的。

因此，当我们获取到一些招投标信息后，千万不要急着准备投标，首先应当开展深入的招标文件研究和项目需求调研，只有符合公司定位且自身具备投标优势的项目才能参与，否则必然是一场没有结果的付出。

选择与公司定位匹配的项目

许多公司之所以会"逢标必投"，首要原因是企业自身的战略定位不清晰，以至于不能正确地认知自身优势，以及准确地把握业主的需求。

定位的重要性不言而喻。它不仅指明了企业的发展方向，同时也意味着企业要放弃那些看似不错却并不符合企业定位的机会。只有清楚地知道自己要做什么和不要做什么，我们才能懂得取舍，选择出最符合公司需求的项目。我们定位公司专注打造"高端化、差异化的光艺术作品"，这在当时看来就是一个非主流的决策，放着如火如荼的城市亮化工程不做，却要去走一条崎岖、艰难的小路。事实证明，正因为坚持这一定位，我们虽然放弃了许多赚钱的亮化项目，但得到了更大的收获。我们用两年时间去挑选和营造符合"高端化、差异化"目标的项目，冒着巨大的生存压力，加强内功的修炼，不仅练就了一双挖掘优质项目的慧眼，还打造出了一个极具战斗力的团队，终于在第三年的时候，凭借一件真正的"光艺术作品"获得了国际照明界的"奥斯卡金像奖"——IALD 卓越奖。从此以后，"高端化、差异化"成为我们的品牌标签，不断有优质项目主动来找我们。

2015 年，在拿到施工一级资质后，我们也跟进了很多项目，但大多数都选择了放弃。放弃的时间节点不尽相同，有一些是在初次评估过后，觉得与我们的定位不契合就直接放弃了，有一些是在与业主沟通以后，认为双方理念不一致才放弃的。直到现在，我们其实每天都在放弃，有时候业主会主动找上门来，说想请我们帮他们做一下大楼的照明设计，但沟通以后，发现他们并没有太高的要求，只想要简单的亮化效果。虽然这样的项目实现起来非常容易，还能给公司带来收入，但并不符合公司的定位，我们通常都会直接拒绝业主，帮他们推荐其他的照明工程公司。

机会只留给有准备的人

项目的成功其实在优选项目的阶段就已经奠定了。要做出真正的光艺术作品，除了要敢于放弃那些不符合我们定位的项目，我们还要具备营造优质项目的能力。

孙子曰："多算胜，少算不胜，而况于无算乎！吾以此观之，胜负见矣。"所谓"多算"，就是事先的调研、分析、策划、财务筹划等。只有尽量优化设计、拟订和选择最佳施工方案，预测成本，做好双预控，并在此基础上，配置生产要素，组建项目组，完善管理机制，才能够保证项目的精准落地。景观照明工程大部分属于市政项目或者大型商业、景区配套项目，为配合重要活动或者节庆，一般都会提前列入市政规划和预算之中。作为照明工程公司，应该及早对项目信息进行收集，除了了解项目的规模、预算、工期等基本信息外，还需要了解业主对项目的定位和预期，筛选出符合公司定位要求的项目。

机会从来只留给有准备的人。在我们筛选出优质项目后，就需要用优势来打动客户了。这里的优势包括品牌优势、设计优势、施工优势、成本优势、管理优势等，这些优势都来源于日常的积累。所以，我们必须不断锻造企业的人才队伍，强化企业深化设计能力，提升工程实施水平，优化企业供应链管理水平。对于照明工程行业而言，提升企业的资质水平相当重要。双甲资质是照明工程企业设计水平和技术施工实力的保证，持有双甲资质对于公司业务承揽、项目投标、项目规模均有非常大的加成作用。截至2019年3月，全国同时拥有"城市及道路照明工程专业承包一级"与"照明工程设计专项甲级"两项资质的企业共有77家，且多数集中在华南、华东两个相对发达的区域。所以，大多数竞争都发生在这个圈定的范围内，照明工程企业只有扎扎实实地提升资质水平，才可能凭硬实力赢得竞争的入场券。

好项目的判断法则

近几年，照明工程行业的市场规模增长显著，全国各地各类景观照明工程项目数不胜数。数据显示，2017年我国照明工程行业的市场规模为3829.7亿元，预计到2024年，我国照明工程行业的市场规模将达到7682亿元，市场前景非常可观。面对庞大的市场需求，究竟哪些项目参与？哪些项目不参与？做这种决策时，不仅要以公司定位为筛选前提，还必须有明确的判断标准。

项目评估的三个维度

一般来说，我们需要从以下三个维度对项目进行评估。

第一个维度是对项目财务状况进行评估。项目的资金来源、业主的财务状况直接决定了项目未来的回款情况，是评估项目优劣的重要因素。只有及时回收账款，公司的经营利润才有保证。对于市政项目而言，项目资金主要来源于当地政府的财政预算，可以通过了解当地GDP、政府财政收入、负债率和债务率等信息进行判断；对于景区或大型建筑项目而言，项目资金主要由项目所有企业承担，可以通过景区级别、游客量、企业财务数据来判断。如果业主的财务状况存在风险，即使他们的项目理念再好，该项目都不能算是好项目。

第二个维度是对业主理念和魄力进行评估。项目决策者的理念是项目最终效果的决定因素。只有业主决策者真正认可光艺术作品，并有决心、有魄力将项目做成精品工程，才会从资源和资金上给予最大的支持和保障，工程公司才有条件打造出真正的光艺术作品。如果双方理念不同，无法认同对方的定位和目标，那么即便项目的利润再高，也都不能认为这是一个好项目。

第三个维度是对项目品质进行评估。光艺术作品通常需要有标的物承载，标的物可以从规模上分为单体和综合两种类型，比如，一座体育馆就是单体项目，而一条道路两侧的建筑楼体组合就是综合项目。标的物本身的建筑结构、形态、质地、内涵等决定了项目可供发挥的创意空间和项目实施的难易程度。因此，项目本身的品质是项目能否成为光艺术作品的关键因素。比如，我们早期实施的某大剧院项目，其先天的佛教文化和建筑结构本身就很有特色，给了我们的设计团队非常多的设计灵感和实施空间，最终确实就达到了光艺术作品的效果，不仅赢得了业主的满意，还获得了亚洲照明设计奖。

可参与项目的三种类型

以上三个维度主要是对项目的评估，对于已经明确的好项目，我们该如何决定是参与还是放弃呢？针对这个问题，我们总结出了三类适合继续跟进的项目。公司根据不同的项目类型投入不同的资源和精力，通过精准匹配确保前期工作卓有成效。

A 类项目为与业主理念一致、招标模式符合、信任度高的项目。这里的与业主理念一致是指业主公需求强烈，有雄心、意愿和魄力打造高端化、差异化的光艺术作品。同时，业主对照明工程公司的品牌和优势比较认同，并对各种招标模式都有一定了解，且有意向采用总承包（EPC）招标模式。这类项目从品质上符合公司的定位，而且公司通过沟通也获得了业主的信任，可以作为优质项目来推进。面对这类优质项目，照明工程公司应该投入更多的精力和资源，加强与业主的沟通，深入了解项目需求，与业主建立更深的信任。

B类项目为存在不确定因素，但有引导的空间，并有极大概率落地的项目。B类项目的不确定因素包括业主的理念暂时不够清晰、竞争对手不可控、项目决策者不稳定等。这类项目做起来虽然不如A类项目那样有信心，但还存在一定争取和引导的空间。因此，必须要让团队付出更大的努力，赢得业主的信任，找到业主存在疑问的关键点进行重点突破。如果业主关注的是项目的创意，就在设计的灵感上下功夫；如果业主强调的是项目的实施效率，就从项目管理能力和水平上进行说明；如果业主看重的是成本问题，那就在保证作品效果的前提下优化方案的成本。

C类项目为前期未跟进，有合作伙伴的项目。此类项目由于与业主前期沟通较少，对项目的需求把握并不占优势，但是在合作伙伴的引荐和加持下，公司依然有机会快速与业主建立起信任关系，为他们提供适合的方案，项目的成功概率较高。

准确识别客户角色

在项目前期沟通过程中，找到关键人物非常重要。不少公司的业务人员缺乏识别客户角色的经验和能力，在前期沟通过程中一直没有找到正确的项目相关人员，不仅无法获得准确的信息，无法做出正确的判断，更浪费了与业主建立信任的时间和机会，这也是有些公司经常沦为"陪跑者"的重要原因之一。因此，准确识别客户角色非常重要。在项目营造过程中，我们主要会接触到六类项目相关人员，他们分别是：

项目决策人

项目决策人是在项目中拥有绝对话语权的人，也是对项目的效果、成败最为关注的人，所以项目决策人非常关键。但是项目决策人一般不参与项目深度管理，一般以听取现场第一人的汇报等方式了解项目进展，所以项目决策人的判断也部分来源于现场第一人的判断。

现场第一人

现场第一人是项目的实际负责人。项目的完成情况直接关系到其工作绩效，所以现场第一人的公需求很强，对项目的成败起到非常关键的作用，是项目营造中需要重点建立信任的人。

操作人

操作人是项目实际运行过程中具体执行的人，是项目进展过程中需要频繁接触的重要人员之一，其公需求也非常强。取得操作人的信任，与操作人形成良好的互动关系会保障项目的顺利实施。

居间人

居间人是将项目介绍给照明工程公司的人。这类人由于与业主有较好的信任关系，同时有一定的信息优势，在与业主的沟通过程中，起到重要的居间调停和风险转嫁的作用。

招标代理人

招标代理人是对招投标的程序和要求最了解的人，与招标代理人做好沟通工作，有利于准确把握招标要求，正确提供招标文件，为招标工作赢得更多有价值的信息和机会。

预算审计人员

预算审计人员是项目实施过程中非常重要的相关人员，他们将在项目结束后对项目的资金进行审计，在一定程度上决定了项目的最终资金规模和利润水平，所以需要加强与预算审计人员的沟通，引导其以更合理的方式进行预算审计。

准确识别了以上六类重要的项目相关人，就需要有针对性地与他们进行沟通。一般认为，在前期寻找目标项目的阶段，就应该想办法建立与项目决策人的联系，向他们宣导公司的品牌和优势，引导他们形成光艺术作品的理念。另外，还要注意做好公司与合作伙伴（居间人）的衔接工作，积极评估合作伙伴的实力，对项目进行准确的评估。同时，业务人员需要与市场服务部门紧密对接，获得品牌、市场服务、设计等部门的及时支持。综合评估项目可行性后才能进行项目立项。

04

业主到底需要什么

品牌先行，构建信任

品牌宣导是光艺术作品营造的关键步骤。通常一个项目，在业主进行立项和招投标之前，就有一些"嗅觉敏锐"的照明工程公司早早地展开运作，他们深知这个时候其实是公司进行前期宣导的最佳时间点。因此，在业主刚有项目意向的时候，就要与他们建立联系，并且约定进行品牌宣导，从中了解业主的需求点，同时引导业主树立和认同光艺术作品的理念。一次成功的品牌宣导能够让公司牢牢掌握"制空权"，经过一轮"空中打击"之后，前端的"地面部队"——营销、设计、工程团队就能够顺利推进工作。

现在很多照明工程公司不重视品牌宣导的作用，认为品牌部门只是营销部门里不起眼的小分支，项目直接交给前方的营销团队，一味采取传统的业务导向模式。业务人员最关注的是自己的业绩和提成，项目好不好，业主的需求和理念合不合拍，一般业务人员往往并不上心。这就为项目后期的跟进和落地留下一系列的隐患和不确定性。我们主张将品牌部门独立划编，制定完善的品牌宣导策略，提供丰富的品牌宣导工具，在业务拓展前期就将公司的理念与业主公司进行清晰准确的沟通，这样才能最终达成精准营销的目的。

照明工程公司品牌部门的工作非常重要。品牌部门最主要的工作是围绕公司的战略定位进行品牌的构建，包括品牌理念的提炼和总结，品牌宣传资料的策划、编撰和制作等。针对不同的宣导对象，品牌部门需要提供不同的宣导材料，比如，有的业主是做单体项目的，有的业主是做文旅特色小镇的，有的业主是做城市整体夜景规划的，那么我们都要提供有针对性的案例供他们参考，从精准的角度与他们交流——什么是光艺术作品，我们用什么样的理念和匠心来打造光艺术作品，与之达成理念共识。

品牌构建工作是为了向业主展示公司的雄厚实力。现在早已经不是那个"酒香不怕巷子深"的年代了，而是一个需要主动向客户讲故事、讲理念的时代，是要让客户对你感兴趣，并对你抱有无穷好奇心的时代。当然，聪明的业主评估公司的实力，不仅看公司的规模，还看公司的理念，以及公司曾服务过的客户和营造的作品，而业内权威机构颁发的荣誉奖项就是最好的实力证明。因此，品牌部门还要及时跟进和整理公司的优秀作品案例，进行各类行业大奖的申报评奖等品牌建设工作。获得照明业界的权威奖项，既是对项目本身价值的肯定，也是公司实力的有力体现。比如，中国照明奖、亚洲照明设计奖，以及世界级照明奖项 IALD 卓越奖等，这些奖项不仅可以充实品牌宣导资料，让业主对公司信心倍增，而且可以提升公司的综合竞争力。

在与客户沟通的过程中，要让客户加深对公司品牌的信任。首先要向客户宣导光艺术作品的理念，照明工程公司不应只是做简单的亮化工程，而是用匠心为客户营造作品。现在城市灯光大部分都存在千篇一律、高能耗、光污染等问题，优秀的照明工程公司就是要做出高端化、差异化、低能耗、让人赏心悦目的光艺术作品。

在宣导方式上，照明工程公司除了拿出成功案例对客户进行宣导外，还应该带客户去参观落地作品，尤其是要让客户深入了解公司的管理和运营。优秀的照明工程公司的光效验证和深化设计到底是如何操作的，项目的设计与施工团队是如何紧密配合的，施工工艺如何保障，在技术上有哪些领先优势等，都应全面地展示给客户。这些工作都是为了让客户感受到，选择这家公司是物有所值、物超所值的。

总而言之，品牌宣导在项目前期起到非常重要的作用。公司的品牌宣导，可以有力地包装、提升企业形象，可以不断加深业主对光艺术作品理念的认同和对公司的信任。通过与业主沟通，还能够加深对业主的了解，为项目立项做关键性的参考，经过前期磨合，放弃掉不符合要求的业主，起到了去芜存菁的作用；而对那些想做精品工程的业主，通过品牌宣导，不仅强化了光艺术作品的理念，还使得他们与公司营销、设计和施工团队的衔接沟通更加顺畅。

构建了信任，便构建了照明工程公司与业主的合作基础，在之后项目营造的众多环节里，才能有最好的合作。缺乏信任的合作双方往往是互相防范的，必然会给后续沟通造成极大的沟通障碍。信任是一切的基础，也是公司文化的基石，无论是与业主、合作伙伴，还是与员工，都应以信任为前提，团队内部，如设计、施工、采购等也必须建立在信任的基础上。在项目的所有环节中，负责人都必须加强与业主、监理、审计等的沟通，不断加强对方对我们的信任。

抓住"可研"的沟通机会

在业主确认项目意向后，就会请专业的第三方机构对项目进行可行性研究。在这个阶段，照明工程公司应尽可能地为业主提供专业的服务和帮助，一方面可以更加深入地了解业主的实际需求，另一方面也有助于对项目进行更全面的调研。

项目可行性研究（简称"可研"）是项目正式立项前的必要步骤。当可研报告通过审批后，就会启动招投标程序，进入项目的实操阶段。一般项目可研的时间短则一个月，长则一年，该阶段是业主进行信息的大量收集与方案的认证的关键时期，照明工程公司应与业主保持紧密的沟通。

可研报告的内容一般包括项目的基本情况、建设背景、建设条件、建设必要性研究，项目建设的内容和方案、投资预算、招投标模式、进度要求和安排，以及项目预期对于环境、社会、经济等各方面的影响及风险评估等。简单来说，可研报告作为一份正式文件，要解决和回答：项目是什么？为什么要做？如何做？要花多少钱？用多长时间做？有什么影响和结果？可能遇到什么问题？等等。可研涉及的面非常广，需要征求相关专业机构的意见，通常情况下，业主需要聘请专业的第三方研究咨询机构进行可研报告的研究和撰写。

可研报告不仅为业主提供了项目立项的全面意见，也是照明工程公司需要仔细研读的重要材料。通过可研报告，公司可以了解到的信息包括项目的基本情况、投资预算、资金来源、设计需求、预期目标、进度要求、环保安全要求，以及计划采取的招投标模式等。这些信息都是照明工程公司在可研阶段需要了解的情况。照明工程公司紧跟可研，一方面能分析项目的优劣势，判断是否与公司的目标项目相匹配，另一方面也能为业主提供详细的规划和为更好的服务打下基础。

可研是一个反复论证的过程，业主在此期间需要汇集大量的信息和智慧。照明工程公司应该积极利用这段时间，为业主提供力所能及的参考和帮助，如与业主交流项目设计的创意、想法，为其提供最前沿的设计思路等。这也是赢得业主信任、准确把握项目进展的重要机会。

谁为效果负责

在传统的工程执行过程中，业主先找设计单位确定概念设计方案，在设计方案基础上寻找工程单位，再由工程单位进行产品采购和项目实施。这样的实施流程对于相对单一以及标准化的道路照明工程来说还适用，但对于施工场景相对复杂、创新执行部分较多的项目就不太适用了。尤其是在如今灯光项目日趋规模化、多样化、创意化的背景下，这种单线条、长流程的管理模式极容易造成最终的项目效果大打折扣。

因为设计方案与施工方案分别由不同的主体来完成，有些设计方案虽然效果图美轮美奂，但由于没有考虑到现实的影响因素和施工难度等，最终实施效果难免与最初的设计效果相去甚远。那么，项目的最终效果到底应该由谁来负责呢？

显然，在这样的流程体系之下，不论是业主方、设计方，还是实施方，都不能完全对项目的最终效果负责。究其根本，还是因为设计与实施的分离造成了理想与现实的巨大差异。要保证最终的落地效果，首先需要设计和施工双方对设计方案的可实现性达成共识。只有施工单位具备相当的设计能力，尤其是深化能力，才能够尽可能地达到设计目标。

很长一段时间内，照明工程公司都只承担着简单的按图施工的工作。但随着行业的快速发展，业主理念不断升级，照明工程公司开始逐步摆脱单一的施工单位的角色。4.0 时代的照明工程公司要将自己定义为城市光环境运营商，致力于在城市功能载体上以灯光为媒介，将照明艺术与技术完美结合，创造集功能价值、审美价值、经济价值和文化价值于一体的优质光环境，用专业能力和专注态度缔造中国城市之美。

现阶段的照明工程公司应该更关注项目品质，在品质的实现过程中更深刻地认识到服务的价值，也更加自觉、主动地实现角色转变。从建设转向服务，从单一项目转向光环境运营，从实施层面扩展到前期顾问、规划、设计和后期运营，逐步完成企业自身的蜕变，而不变的就是打造精品的初心。

大环境的变化给了照明工程企业很多机遇，同时照明工程企业也面临很多调整。要想把各个环节都做到极致并不容易，照明工程公司要善于整合利用优秀的行业资源，以开放包容的心态，坚持公司定位，结合自身优势，实现合作共赢；精准挖掘甚至引导客户需求，以真正为客户解决问题、为最终效果负责的态度，提供最优的解决方案。

现行条件下，景观照明行业对专业化的要求越来越高，基于智慧城市的城市照明建设也将让更多的跨行业、跨专业的企业实现合作。行业边界淡化，将实现更多的跨界融合，照明工程行业的发展将会迎来量和质的双重飞跃。在这样的行业背景下，照明工程公司要制胜未来，仅凭在方案设计和落地施工上的优势还远远不够，还必须用"智慧"和"资本"赋能，整合一切资源，驾驭各类表现形式，这样才能承担起对项目的最终效果负责的责任。

选择最优的招标模式

光艺术作品的最终落地，会受到很多因素的制约和影响，其中，恰当的招标模式会让项目的推进事半功倍。可以说，合适的招标模式是保证光艺术作品完美呈现的必要条件。

竞争性磋商采购模式

竞争性磋商采购模式，是指采购人、政府采购代理机构通过组建竞争性磋商小组（简称"磋商小组"）与符合条件的供应商就采购货物、工程和服务事宜进行磋商，供应商按照磋商文件的要求提交响应文件和报价，采购人从磋商小组评审后提出的候选供应商名单中确定供应商的招标模式。

竞争性磋商采购模式的优点是招标周期短，适合实施难度不大的项目。通常，业主与公司有过成功的合作经验，或者已经形成了较高的信任度，才会采用这种招标模式。

采购及其他服务模式

采购及其他服务是指政府单纯通过照明工程公司进行某些单一或具体的采购或服务。在此类模式下，一般对总承包项目进行了分解，照明工程公司只参与其中的部分采购项目或服务。这种模式适用于实施难度大的项目，照明工程公司需要与业主和专家有较深的合作基础。

纯施工模式

纯施工项目指只做施工部分的项目。对于这类项目，纯粹按照图纸来实施即可。这种模式适合施工难度不大的项目，照明工程公司在这种招标模式下，不管是资格预审还是资格后审，都需要得到足够的同行资源支持。

施工带深化招标模式

施工带深化项目需要在原来的效果图的基础上做一部分深化效果的设计，然后按图纸施工。这种招标模式适合设计、实施难度高，设计周期长的项目，已与业主形成较高信任度的照明工程公司具有一定的优势。

PPP 模式

PPP 模式是政府与社会资本建立起"利益共享、风险共担、全程合作"的共同体关系，鼓励民营资本与政府合作，参与公共基础设施的建设，适用于大型基础设施项目投资、运营。在这种模式下，政府对项目中后期建设管理运营过程参与更深，照明工程公司对项目前期科研、立项等阶段参与更深。参与项目的实质从参与建设转变为投资运营，周期也变得更长。所以这对参与项目的各方都提出了更高的要求，对于照明工程公司来说，需要依靠更加优质的产品、更加专业和精细化的服务、更有效的运营管理机制和更强大的资源整合能力，才能让资源和资本的投入产生价值和效益。

随着城市景观照明建设的不断发展，项目的体量和规模都越来越整体化、规模化，对资金的需求量也显著增加，部分资金困难的业主会采用 PPP 模式对大型城市光艺术作品进行招标采购，为项目提供较为稳定的资金来源。但由于 PPP 模式入库周期长，不建议照明工程公司引导业主采用该模式或参与此类项目。

EPC 模式

EPC 模式是指设计、施工一体化模式，又称设计采购施工总承包模式，是指工程总承包企业按照合同约定，承担工程项目的设计、采购、施工、试运行服务等工作，并对承包工程的质量、安全、工期、造价全面负责。

EPC 模式相对于其他模式有非常明显的优势，适合设计、实施难度高，设计周期长的项目。以前设计和施工是分开的，经常出现设计方坚持说设计方案好，但是施工方又说没办法落地的情况，扯皮推诿现象时有发生，最终落地效果不好也没人能负责。采用 EPC 模式，就可以将责任明确到一个主体，如果项目做出来效果不好，直接找 EPC 总承包方即可。采用 EPC 模式不仅可以清晰地划分责任，对业主来说也省时省力。以一个市政项目为例，如果设计、施工分开招标，需要非常多的沟通环节，整个流程至少要 3 个月；如果将设计、施工打包一起整体招标，推动起来就会快得多。

营造光艺术作品的最终目标就是达到双方都满意的效果，核心理念是为效果负责。因此设计和施工联动，从概念设计到深化设计和光效验证一脉相承，显得尤为重要。只有业主选择设计、施工一体化的 EPC 模式，设计、施工双方的沟通过程才会更加顺畅，照明工程公司才能保证对最终效果负责。所以，设计、施工一体化是打造光艺术作品的最佳招标模式。当然，EPC 模式同样需要业主和照明工程公司双方理念一致，并建立在业主对照明工程公司的理念、设计、工程、品质高度信任的基础上。

为了保证光艺术作品的完美呈现，即使采用了 EPC 模式，也需要做好产品的定牌定价，为项目后期的结算做好准备工作。通过对相关产品的采购做好价格控制，将有效避免后期实施过程中，因为产品市场价差异巨大而被迫降低产品的品质标准。具体操作方式为：在项目前期引入第三方评审机构，提前对项目需求的灯具品牌、控制系统品牌及产品价格进行审核（通常选择 4～5 家产品品牌），落实业主单位对灯具产品的定牌定价。

EPC 模式的评标过程是专家评审，许多专家对项目前期情况不尽了解，灯光效果的评审又存在一定的主观性。如何才能避免那些故意抬高产品单价、降低产品数量的公司中标，进而导致最终实施效果不好呢？可以对产品单价和招标控制总价进行双重最高限价锁定，来防止这种情况的发生。

05

以设计为灵魂

光艺术作品的设计目的是，让城市"说话"，让建筑"说话"，让周围的环境"说话"。只有当这一切都说出了自己的"话"，它才能勾勒出城市和载体的真正夜景和独特性格。

所有高端光艺术作品，没有优秀灯光设计师的匠心独运，是不可能呈现在世人面前的。以往，受限于资本、招标模式、业主对行业认知的局限性和照明工程公司固有赢利模式等原因，照明设计师的作用和价值一直未被突显出来。

在照明工程 4.0 时代，任何一项优秀的工程都必然以设计为灵魂。此时的照明工程公司，以打造光艺术作品为第一原则，不仅需要优秀的概念设计，对项目的深化设计要求也越来越高。在先进设计理念和创新科技手段的加持下，设计师们前所未有地走上了主导位置，比以往任何时代都拥有更强大的话语权。

▎某大剧院项目（亚洲照明设计奖、中照照明奖一等奖作品）

设计师介入的最佳时机

优秀的灯光设计是一切光艺术作品的灵魂和前提。照明工程 4.0 时代，设计师必须积极参与到工程的全流程管控之中。

设计师介入越早越好

一般而言，要完成一个优秀的项目设计方案，通常需要 30 天到 60 天的时间。因此，设计师介入的最佳时机是业主有意向但项目还未启动的阶段，最晚时间点则是项目已启动，业主寻找设计单位的阶段，总之，设计师介入时间越早越好。

▎设计在项目不同阶段的目标

项目阶段	开拓阶段	设计阶段	招标阶段	实施阶段
目标	对项目规模、项目品质进行评估，为立项评审提供支持	创作符合业主及项目需求的效果设计方案	根据招标文件要求，制作符合招标要求的方案文件及动画	施工过程配合，设计图纸校正，竣工图制作，确保工程效果

早在项目前期开拓阶段，设计师就要对项目的规模、项目的整体品质进行评估，为照明工程公司最终决定是否立项做好充足的准备。设计师的专业意见，可以帮助照明工程公司预见到项目的最终呈现效果，从而判断该项目是否符合照明工程公司营造高端化、差异化光艺术作品的价值取向。

在与业主及相关决策人会谈的过程中，经过一系列品牌传播和引导，假如对方认可了公司的能力和实力，我们也评估该项目的各方面条件都符合公司的定位，那么就可以正式立项，开始对项目进行设计。

在设计方案阶段，设计师应尽早与灯具生产厂商派来的技术代表进行深度沟通，对方案最终要达到何种效果，厂商能否按要求提供产品等，都要做到心中有数。设计是本源，只有提前介入，设计师才能做到未雨绸缪，在之后的各个环节中占得先机，不断增强业主对公司的信心和满意度。

优选项目，精益求精

营造光艺术作品，我们的原则是，一旦启动设计就一定要呈现出最完美的结果。但灯光设计是一项耗时耗力的工作，需要投入的成本非常高。首先，每个项目设计团队一般由一名有 8 年以上设计经验的总监和 6 ~ 8 名资深设计师构成；其次，设计方案的呈现和完善还需要得到视觉传达和电气设计平台的支持。那么，一个公司到底一年能做多少个项目设计呢？

业内有一种不好的现象，一些拥有设计资质的公司，为了获得更多订单，总是盲目且大量地做各种设计，四处撒网，见标就投，投标就要出设计。如果要投 300 个标，就要做 300 个设计方案，对于本来一年最多只能消化 100 个项目的设计团队来说，这根本不可能完成，即便完成也只能是粗制滥造，最终结果可想而知。

这样粗放式的投标方式，将直接导致企业浪费大量人力物力，让本该追求艺术、追求精品工程的设计师疲于奔命、过度消耗。流水线式的设计模式，不仅无法展示设计师的灵感和才华，还导致城市照明工程出现"千城一面"、"效果雷同"、"低端复制"等恶性结果。相反，如果一年只做 30 个设计方案，则设计师便可能把项目做得尽善尽美。

因此，公司应该合理地分配设计资源。对于还在信息收集阶段的项目，设计师只需要协助进行项目甄别和评估；对于公司已经立项的优选项目，设计团队必须以打造光艺术作品为目标，全力以赴地去创作。

设计要以结果为导向

4.0 时代的照明工程公司要创造光艺术作品，而光艺术作品落地，并不是设计师会画图纸、会做设计图就可以实现的。设计师要全程参与，并以结果为导向。

大部分建筑工程只要按照图纸施工就能完成，但景观照明工程无法简单地按图施工。灯光设计最重要的载体是灯。市场上的灯具参数看上去是一样的，但组接起来，效果完全不一样，甚至可以称得上"差之毫厘，谬以千里"。如果不做光效验证，效果图做得再好，最终设计无法落地，一切都会变得毫无意义。所以我们需要在工作过程中，增加深化设计、光效验证等环节，确保光艺术作品成功落地。

在某大剧院项目的最初设计中，为了更好地融入当地的文化与环境，设计师进行了深入的实地考察与文化挖掘。建筑本身的外形像一朵盛开的莲花，与普陀山的南海观音隔海相望，蕴藏着丰富的佛教禅意，当地的海洋文化也深深根植其中。设计师便将莲花、海洋、天空等元素加入动画设计中，让建筑在夜间能体现出当地特有的韵味：通过灯光集成控制，大剧院的幕墙上不仅能展现中国的水墨山水，还能展现出优雅盛开的莲花和栩栩如生的金鱼，呈现出"莲叶何田田，鱼戏莲叶间"的意境，体现出当地佛教文化特有的静谧和典雅。

大剧院表面呈现鱼戏莲叶间的意境

设计方案提交给业主后，业主非常认可，于是设计师立即敦促工程团队实现设计效果。由此可见，设计师首先在方案上追求完美，能对业主的选择产生巨大的影响。

后来，经过一系列的深化设计，工程报价从 4000 万元下降到 1100 多万元，下浮的幅度非常大，业主随即产生了怀疑，按这样的价格还能实现设计效果吗？这个时候，就要给业主看光效验证。工程团队采用最传统的方式——用最直观的 1∶1 光效验证来打动业主。团队包下了一个篮球场，将一个个大小相同的六边形拼接起来，还原了幕墙的结构，然后按照我们的优化方案进行装灯调试，终于，一条金鱼就栩栩如生地出现在我们眼前，光效达到了，业主的疑虑也就打消了。

设计师完美的艺术追求，是为光艺术作品的最终结果负责，也是照明工程 4.0 时代对设计师提出的要求。

光艺术作品的规划设计原则

抓住核心载体和元素

光艺术作品设计的主要原则是抓住城市主要区段、主要载体、核心元素进行包装；同时结合视觉心理、技术手法和创意表现进行升华。在具体实施时，需要注重照明的功能性、美观性、文化性、经济性和统一协调性。

比如，2018 年国庆期间深圳湾上演的灯光秀，以位于深圳湾人才公园西面的 100 多幢楼宇为主要载体，以"改革开放 40 周年"和"国庆节"为核心主题，用动态渐进和虚拟再现的艺术手法，通过五大篇章，生动再现了深圳南山区的经济、人文、生态、科技等领域的高速发展和丰硕成果；"深爱人才，圳等你来"的湖面激光投影，将"来了就是深圳人"的口号继续升华，让观众共情、共鸣、共体验。正是抓住了这些要点，灵活运用多种灯光技术手法，才能在短短十几分钟内，让市民充满自豪感和获得感。

▎深圳湾广场灯光秀项目

突出公共景观和地标性建筑

一般来说，大型城市光艺术作品涉及的建筑类型较多，风格跨度比较大，设计师需要选择有代表性的建筑进行灯光创作。比如城市的高层建筑、异形建筑、图书馆、体育馆等，都可以作为重点进行设计；另外，城市的公共景观，诸如公园、休闲广场等也是重点打造对象。深圳湾广场的整体景观照明因地制宜，采用双地标进行展现，南侧地标深圳湾一号与北侧春笋大厦遥相呼应，同时与人才公园和后海片区建筑楼群配合联动，形成了深圳湾独特的夜间景观。

通过在建筑群立面上设计动画，城市文化的表达方式被极大丰富。在合适的观景点选择建筑做媒体立面，精心制作上墙动画，可以准确有效地呈现城市的特色与内涵。深圳湾的灯光秀以 392.5 米高的南山区第一高楼华润总部（春笋大厦）为点睛之笔——开篇以水滴滴落缓缓展开南山区飞速变迁的画卷，结尾以"祖国万岁"的口号将表演推向高潮，将深圳的创新与活力表现得淋漓尽致，在为市民提供美好夜景享受的同时，大大提升了市民的归属

▍红色爱国主题致敬伟大祖国母亲

感和幸福感。

与生态环境和谐共处

光艺术作品的设计要对载体表现出最大的尊重，营造舒适、宜居的夜间环境。首先，要对载体所处生态环境和重点建筑的结构进行深入分析，尽量采用间接光和柔光，避免光污染。在城市大型楼体联动的景观照明设计中，需特别注意建筑的明暗关系，做好光与影的结合，通过亮度分级形成错落有致的城市空间。在灯光秀早已蔚然成风的今天，"暗夜保护"也逐渐成为市民关注的热点，采用分时控制等手段，可有效降低夜间灯光对周边环境的影响。

深圳湾滨海休闲带是福田区红树林鸟类自然保护区的缓冲区，海滨生态公园沿岸的红树林被人们称为"海上森林"、"海岸卫士"。这里常年栖息的鸟有 194 种，其中卷羽鹈鹕、黑脸琵鹭、小青脚鹬、黑嘴鸥、白肩雕、褐翅鸦鹃等 23 种为珍稀濒危物种；滩涂上更是多姿多彩，滩涂鱼、招潮蟹等丰富的底栖生物吸引了众多水鸟，每年有 10 万只以上的候鸟在深圳湾歇脚或过冬。为了最大限度地保护美丽的红树林和这些珍稀的鸟类，深圳湾广场的景观照明尽量采用间接光，并且绝不向红树林投光，灯光秀的时间也进行了严格控制，平日两场，节假日和周末三场，每场时间不超过 20 分钟。

❙深圳湾鸟瞰图——多彩后海湾

完美的设计与艺术的平衡

对设计的极致追求

在任何行业，设计都是做好产品的关键。美国苹果公司堪称世界上最好的设计公司，正是因为他们对产品设计极致地追求，才有了一件件颠覆之作的问世。当大家还在用翻盖手机和按键手机的时候，乔布斯提出"伟大的产品应该只有一个按键"这个惊人的设计理念，让只有一个 Home 键的 iPhone 成为迄今为止手机领域最伟大的创新产品，引领了智能手机近 10 年的潮流趋势。此后每一代苹果手机发布，都有其独特的设计新理念和相关新材料。可以说，设计才是苹果公司创新的灵魂。

根据苹果首席设计官乔纳森·伊夫（Jonathan Ive）的描述，为了给设计师以自由发挥的空间，并确保生产出的产品能够符合设计师的想法，苹果公司将设计团队放到整个运作流程的中心位置。他们被给予充分的自由，无须考虑产品制造的限制，只为设计出最惊艳的产品。而反观诺基亚，曾连续11年销量全球第一，一度享有70%以上的市场占有率，但是不到2年就销声匿迹，最终被微软以54.4亿欧元收购（不足巅峰时期市值的1/20）。究其原因，还是因为诺基亚的产品设计被技术创新牵制，曾经的手机帝国就此沉沦。

照明工程发展到4.0时代，以打造经典的光艺术作品为目标，是一种光艺术美学的理想状态。因此，设计师首先需要考虑整个方案的呈现品质，然后才是回归到现实状态，才需要设想如何将理想效果与业主需求匹配，如何去实现。

一般来说，工程公司的目标是尽可能让设计方案最终落地。我们必须在技术上不断满足设计方案，不能随意让设计方案向技术妥协。设计师先拿出具有创意和表现力的设计方案，其他部门再一起探讨如何来完成，如技术实现方式、产品定制供应、项目资金保障等。

在照明工程领域，设计方案是技术进步的重要推动力。人类的科技文明发展至今，开发满足各类需求的灯具并进行有效的集成控制，在技术上已不再是难题。相反，只有艺术创作是没有边界的，营造高端化、差异化的光艺术作品才是照明工程公司的追求方向。好的创意往往具有独创性，通常都需要不断地进行技术创新才能实现，这也是照明工程4.0时代的一大特点。因此，设计师的创作不应该拘泥于现有技术水平，尽管大胆地发挥创意，在努力达到完美的设计效果的同时，推动技术的革新和进步，引领行业的发展趋势。

4.0时代的照明工程公司，要以"光艺术作品"为最终信仰，前面提到了，新时代要求照明工程公司拥有"艺术＋科技＋资本＋平台"四个方面的综合竞争力。其中"科技"、"资本"、"平台"都应该服务于艺术设计，从

▎光艺术作品首先要将设计做到极致

推动光艺术作品最终落地的角度来考虑问题，让光艺术作品展现其真正价值。

寻找现实与艺术的平衡

当然，设计师并不能完全天马行空。在实际工作中，还存在很多影响作品效果的外部因素，比如业主的预算投入、运维成本、工期要求、公司的资源配置和利润指标等。

某大剧院项目就是一个典型的案例。整个大剧院是一个造型宏伟的异形建筑，总建筑面积有24000多平方米，幕墙面积达到了15000平方米，项目共用了43000多套灯具，数量非常庞大，是迄今为止为数不多的大型背投光艺术作品，曾一举斩获了2016年AALD亚洲照明设计奖和中照照明奖一等奖。

项目原始设计方案是通过在六边形幕墙的每个边框上安装LED线条灯，同时在连接杆处安装LED点光源向外直射，进而形成一个巨大的媒体立面，可以进行动画和文字的展示。虽然密集使用点光源能增强媒体立面的显示效

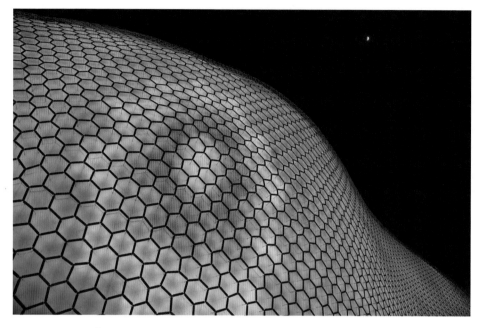

▌大剧院项目的外立面呈六边形，所需灯具数量庞大

果，但是灯具全部亮起来之后，其运行功率将达到 848 kW，巨大的能耗将给业主后期的运营带来巨大压力。同时，庞大数量的灯具不但会给外层结构造成压力，也让项目整体造价高达 4000 万元。而直接向外照射的灯光，也存在对周边环境造成光污染的隐患。

业主虽然对项目的媒体立面构想表示认同，但无法承受高造价和高能耗的压力，因此该方案久未实施。设计师就开始针对这两个问题进行攻关。

虽然美好的事物没有天花板，但业主的承受能力确实是设计师必须面对的现实。于是，设计师开始对初始方案进行深化设计，目的就是在技术和艺术之间找到平衡，在美感和成本之间找到最佳切入点。

首先，设计师采用月亮反射发光的原理（即月光法则），以间接光的方式进行打造，将星光灯直接向外发光的方式改成向内发光，再利用幕墙来反射；同时，取消了 LED 条形灯，将原本安装在连接杆处的点光源安装到了六边形边框上，灯具的数量减少了，幕墙的压力也降低了。优化后的

▎月光法则

设计方案使工程成本大幅降低至 1100 多万元。此外，项目的运行功率也
降到了 90 kW，约为原先的 1/10。利用反射光后，大剧院的呈现效果更
加完美，不仅消除了直射光的光污染隐患，还充分体现了当地佛教文化的
静谧之美。

原始设计方案
运行功率：848 kW
功率密度：53 W/m²

优化设计方案
运行功率：90 kW
功率密度：5.3 W/m²

▎某大剧院项目优化设计前后对比效果

┃某大剧院项目的深化设计改造前后对比

	原设计方案	优化后设计方案
工程成本	4000 万元	1100 多万元
运行功率	848 kW	90 kW
灯具设计	在六边形幕墙的每个边框上安装 LED 线条灯，同时在连接杆处安装 LED 点光源向外直射，进而形成媒体立面，可进行动画和文字的展示	将原本向外发光的方式改成对内投射的方式，取消线条灯；将原本安装在连接杆处的点光源安装到了六边形边框上，灯具数量显著减少

在保障项目品质的前提下，设计师最终找到了理想与现实的平衡点，既降低了业主的成本，也让光艺术作品的美感得以实现。其实，每个项目在理想和现实之间，都有其最佳平衡点，对于光艺术作品的落地，需要设计师通过不懈努力寻找到这个最佳平衡点。

设计师要做集大成者

光艺术作品其实是对载体夜间语言的重新定义，从宏观角度来看，它甚至可以说是对城市夜晚的再创造。所以设计师要综合考虑每个建筑及周围的因素，这就像量体裁衣，"顾客"是什么职业、什么性格、什么状态，他就应该穿什么样的"衣服"。设计师需要对建筑载体有系统而深度的考虑，这就要求他们必须是一名既懂建筑、懂环境、懂灯光，又有深厚文化积淀的集大成者。

设计师要懂建筑语言

一座建筑的幕墙非常漂亮，那是它白天的形象。灯光在夜晚将它打亮，营造的是一种景观，烘托的是一种氛围。夜景之所以为景，必须建立在美感之上。比如，设计师要打亮一个酒店，就得考虑灯要怎么装，酒店的幕墙有多少种可以装灯的可能性，应该装什么形状的灯，怎样安装才能与酒店的外立面相配合，既保证美观又不破坏整体立面，还不会对酒店内客人的作息造成影响等。

　　著名建筑学家丹尼尔·李伯斯金说过，建筑都有自己的"语言"，它是"会说话"的。灯光设计师只有听得懂建筑的语言，才能让附于建筑之上的灯光完美地配合建筑。现实中，有很多漂亮的异形建筑，这些异形建筑是建筑设计师自我个性的凸显。作为灯光设计师，首先应该理解建筑设计师的设计理念，只有了解了建筑设计师的灵感来源和设计初衷，理解了他想通过建筑外形所表达的含义，才能用灯光更加准确和深刻地诠释出建筑本身的内涵，进而提升建筑的价值。

▎广州的地标性建筑广州塔

广州的地标性建筑广州塔，又被称为"小蛮腰"，是中国目前最高的电视观光塔。广州塔的设计者、荷兰著名建筑设计师马克·赫梅尔介绍说，他的设计灵感源于人体髋关节骨的形态，他想表达"人与自然和谐共处"的"天人合一"理念。广州塔的造型呈现为下部透明空间，中间实体，上部又是透明空间的形态，造就了一个宛如拥有"纤纤细腰"的女性形象。如今，广州塔成为广州国际灯光节最重要的组成部分，每到华灯初上，由赤橙黄绿青蓝紫7种颜色组成的灯光，如同一条彩色绸缎，将"纤纤细腰"包裹得更加绮丽。通过灯光，建筑设计师的设计理念得到了延续和升华，让夜晚的"小蛮腰"更有意境。据《广州日报》做的一项调查显示，绝大部分到广州的游客都会选择在夜间参观广州塔，90%的游客认为，夜间的广州塔比白天更美。这些数据表明，灯光设计师真正读懂了建筑设计师的设计理念，并且在此基础上进行的再创造让建筑更显魅力。

现代建筑外立面结构以玻璃幕墙为主流，这种极简风格的建筑设计为照明的艺术化与建筑美学的统一提出了更高的挑战。因此在实际设计中，设计师需要对建筑、景观设计构思加强深入的理解，这才能使光艺术作品的艺术性得到升华。

作为设计师，无论设计对象是山峦等自然景观，还是摩天大楼的玻璃幕墙，都应该对这些载体的形态、结构、材质等方面有研究和理解，然后用手上这把光做的"画笔"，勾勒出符合建筑本身的语言的夜景，这是做好灯光设计的重要原则。

以某银行总部大厦的景观照明工程为例，该大厦在建筑设计上就像竹子一般节节高，寓意该银行百尺竿头，更进一步。我们在实际做灯光设计时，为这座建筑的夜景创造了一套新的"语言"。必须基于建筑"语言"本身才能创造新的"灯光语言"。作为观赏者，人们觉得大楼的夜景符合建筑本身的设计思路，但是在设计师合理的灯光设计下，它在夜间表达的美感其实更进了一步。该大厦在夜晚呈现出了建筑物剪影化的竹子图像，带来了一种有别于白天形象的显示性图像的独特美感。

| 某银行总部大厦夜景效果

设计师要懂环境语言

灯光改变了建筑周边的夜晚环境，不同种类的光适合不同种类的场景。设计师要根据环境需求的不同来烘托效果，而不是仅凭以往经验做简单复制。

环境语言是多种多样的，需要因地制宜。以某大剧院项目为例，大剧院与普陀山的南海观音像隔海相望，其夜间景观需要体现佛教文化的静谧与庄重。如果设计师用点光源对外直射，难免会因为亮度过高而造成光污染，不仅违背佛教文化和海洋文化的人文底蕴，还会与周围环境格格不入。只有内敛、亮度不高的背投光，才符合周围环境静谧的氛围。而在城市商业综合体项目中，灯光的主要作用就是吸引更多人流，这时就不能用这样内敛的背投光，而应该用亮度更强的光来装饰，以体现商业综合体的热闹、繁华。

对于城市地标性建筑，设计时也需要考虑周边的环境因素。比如埃菲尔铁塔，因为其四周环境比较空旷，所以可以用更高的亮度来展示铁塔的风采，不用担心对人们居住生活产生影响，而且更高亮度的灯光能使其视觉传播力更强更远，它告诉远方的人们那儿就是巴黎的中心。

▎巴黎埃菲尔铁塔

设计师既要考虑人们对建筑和灯光的需求是什么，也要反过来关注灯光对环境产生的影响。比如一个标志性的建筑，它在白天的识别性很高，到了夜间，人们通常也希望它具有标志性，设计师不能把它变成别的形象，如果设计师用了不符合环境元素的设计语言，就无法体现它的标志感。所以，灯光设计师必须深入环境、懂得环境、尊重环境、因地制宜，这尤为重要。

设计师要懂城市语言

每一座城市都有其独特的地域文化和性格特征，我们称之为城市语言。设计师要根据城市语言去打造光艺术作品。比如，北京是中国的政治文化中心，宜用大气典雅的灯光打造出首都的庄重感；上海是摩登洋气的时尚之都，灯光使用应体现其融贯中西的丰富层次；深圳是改革开放的前沿城市，应当以灯光展现城市的创新活力。但如今很多城市的景观照明都未能表现城市的特色，走到哪里都似曾相识，问题就出在设计师不懂城市语言，只会一味地简单复制，最终导致千城一面。

深圳湾是位于深圳市南山区与香港之间的海湾，随着粤港澳大湾区的成立，深圳湾在深圳的城市定位越来越重要。它因独特的地理位置成为体现深圳改革发展成就不可或缺的重要片区。2018年深圳献礼改革开放40周年的系列灯光秀，就在这里上演。这场灯光秀既体现了深圳特色，又呈现了时代华章，为市民们带来了一个震撼人心又意义非凡的夜晚。在创作之初，设计师们深入研究了深圳的历史人文，精心挑选了深圳的突出成就，用最能代表深圳的画面打造了绿色深圳、生态深圳、快乐深圳、人文深圳、科技深圳五大篇章，扎实地体现出深圳在经济、人文、生态、科技等领域的高速发展和丰硕成果，展现了这座城市的年轻和活力。

设计师要懂灯光语言

很多著名的设计师都认为，灯光是神圣而有生命的存在。他们认为，最好的光艺术作品应是"见光不见灯"，追求的应是"无光之光"的美，灯光

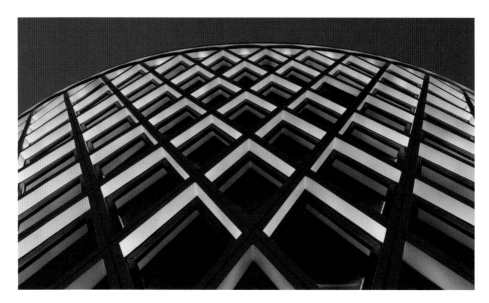

▌设计师要追求"无光之光"

的任务不是突出自己，而是"随风潜入夜，润物细无声"，用更好的艺术表现力将载体烘托得更有价值、更有美感。

2008 年北京奥运会的开幕式曾给世人留下深刻的印象。开幕式的情节从"击缶而歌"开始，接着"画卷"、"文字"、"戏曲"、"丝路"、"礼乐"等段落逐一呈现，典型地体现了中华民族传统文化的灿烂与辉煌。灯光设计紧扣表演内容，运用中国画的水墨丹青，使用光与色的巧妙调和，精巧地进行了"水墨"、"淡彩"、"写意工笔"、"重彩工笔"的绘画效果转换。

中国灯光设计大师，2008 年北京奥运开幕式舞台灯光设计师萧丽河曾谈到她的创作经历："（我的导师）对灯光的理念有一种菩萨般的胸怀，（灯光）在不停地给予，却又不让人意识到，就好像不存在，但又无处不在。'无光之光'是灯光设计的极高境界，光的任务就是托举，与此同时，灯光也在演出，每时每刻在演出。"可见，优秀设计师对灯光的理解力是非常深刻的，只有体会到"无光之光"的美，设计师的光艺术作品才会有温度、有情怀。

这一切，都要源于设计师对光的理解。因此，设计师还必须对灯具产品有所了解，即使是具有相同参数的灯，不同厂商的效果也是千差万别的。4.0 时代的照明工程公司要为最终效果负责，要实现最佳的灯光效果，设计师既要熟悉光源特性和参数，更要了解灯具的呈现效果，做到心中有数后，进行"天马行空"的设计，这样才会更从容地保障光艺术作品的质感。

设计师需要尊重传统

电灯发明至今已经有近 140 年的历史，世界上每座城市都有它的灯光底色，比如上海，人们对外滩的灯光印象就是暖黄色的钠灯；观察东京夜晚的城市天际线，人们会发现，眼前都是白色的荧光灯。城市的灯光传统已经深入人心，根深蒂固，如果设计师不尊重传统，就会引起人们的反感。

2019 年元宵节，北京故宫在新中国成立后首次举办了元宵灯会。由于故宫在中华历史文化中具有重要地位，这次灯会引起了轰动效应，门票预约网站一度瘫痪。虽然故宫灯会的影响巨大，但社会对这场灯会的评价褒贬不一。在人们想象中，在故宫这个全球最大的中式古建筑群中举办的元宵灯会，应该要么是辛弃疾笔下"东风夜放花千树，更吹落、星如雨"的美丽夜景，要么是欧阳修笔下"去年元夜时，花市灯如昼。月上柳梢头，人约黄昏后"的浪漫写意。但这次故宫的元宵灯会过多采用激进的射灯，在一定程度上打破了游客对于故宫传统文化的感知和期待，虽然灯光秀整体效果非常震撼，但还是少了些许的历史庄重感。

不论是懂城市、懂环境，还是尊重传统，设计师都要有匠人精神，有不断超越自己的勇气。只有具有匠心的设计师才能把设计做到极致。满足客户的需求，仅仅是对设计师的基本要求。客户对设计满意了，设计师不应该觉得工作已经结束了，而是应该继续思考是否还有改进的空间。设计师的每一项设计都应独具匠心，只会简单复制先前的设计或对先前的设计稍做调整的设计师永远只会原地踏步。匠心的关键是，设计师必须对自己有要求：每做一项设计，都要把自己的极限再往前推进一点。照明工程 4.0 时代的设计师，只有不断超越自我，才能主导整个团队不断创造更优质的光艺术作品。

照明设计的人文精神

景观照明设计通常需要满足人们的功能性需求和精神性需求，所以设计时必须以人为本，让人们在灯光下生活得舒适，让人们在欣赏光艺术作品时，获得精神上的满足，这也是灯光设计师所要具备的人文精神。

绿色照明的人本考虑

灯光设计必须是绿色健康的。让人们在美妙的灯光中感到安全和幸福，不干扰人们的正常作息，是设计师设计时要考虑的关键点。早在 20 世纪 90 年代，美国就提出了绿色照明的概念，绿色照明主要包括高效节能、环保、安全、舒适四个指标，它要求光照清晰、柔和，不产生紫外线、眩光等有害光照，不产生光污染，这些概念都凸显了以人为本的观念。

美国环保局在 1991 年率先推出绿色照明工程，并很快得到联合国的支持，世界各国也纷纷效仿。1993 年，中国国家经贸委就引入了绿色照明的概念，到 1996 年，绿色建筑照明工程正式列入国家计划。绿色建筑照明不仅体现在节能光源的使用上，而且还体现光在建筑中的利用效率的提高，解决眩光问题及其他光对于人的不利影响上。因此，绿色照明也是时代赋予 4.0 版照明工程公司的使命。

具体到灯光设计，设计师从一开始设计时，就要考虑到生存在灯光环境中的人，来进行环境分析。比如，有些建筑确实离居民区很近，但仍然要做景观照明。设计师就需要进行仔细度量：在距离上，灯光离居民区有多远？会不会对居民区产生影响？在灯光面向居民区的地方，亮度是否应该适度地降低？如果居民确实有特别需求，除了亮度变暗，灯具的数量能否再减少一些？或者灯具的柔和度是否能够高一些？所有的细节，都需要设计师做深入细腻的区别表达。灯光设计方案是以人为本的方案，在关注美感的同时不能忽视人的感受。

▌设计之初就要考虑到生存在灯光环境中的人

情感共鸣展现美学价值

设计满足了人们对绿色照明的需求，还需要考虑人们精神上的需求。既然我们打造的城市灯光是一件艺术品，那么艺术品的美学价值必然要与人们产生情感上的共鸣。

深圳湾的灯光秀，就是一个非常能体现城市光艺术作品人文精神的项目。深圳湾是连接深圳和香港之间的海湾，深圳湾的高楼大厦是世界级滨海城市的天际线，更是深圳市"创新型城市"竞争的制高点。为了让深圳居民有更多的获得感和归属感，设计师收集了一千张深圳市民的笑脸，因为2018年是改革开放40周年，最后选定了40张，制作成动画呈现在深圳湾广场的几十栋高层建筑的幕墙上。居民看到自己的笑脸和这个城市融为一体，城市归属感和幸福感油然而生。灯光秀播放期间，这组笑脸刷爆了深圳人的朋友圈。

▋深圳湾城市笑脸灯光秀

　　充满人文精神的光艺术作品，不仅感动了市民，同样也感动了前来观看的业内顶级专家。中国照明学会秘书长窦林平就曾描述他观看完深圳福田中心区一场灯光秀后的切身感受："为先睹为快，（国庆）节前应友之约观看深圳改革开放 40 周年灯光秀。本想错过高峰期去的，没想到现场还是人潮涌动、车水马龙。当看到巨大的'我爱你，中国'浮现在墙面上，随着音乐声响起，我发现我流泪了。一把年纪了，有点不好意思，偷偷将眼泪擦拭掉，怕同行后辈看到笑话，于是偷瞄了大家一下，现场有几位观众居然也在擦眼泪，一下子让我释怀了，哦！原来大家都一样。"足见，好的光艺术作品能让人流泪！

　　视觉艺术心理学家鲁道夫·阿恩海姆曾说过："光线，几乎是人的感观所能得到的一种最辉煌、最壮观的经验。"光艺术作品不仅美如画卷，更能讲述动人的故事，在彰显城市气质的同时，让这座城市的市民亲身参与，从而让观者在精神上获得极大的满足，乃至让一个城市、一个国家的人心得到凝聚，这便是光艺术设计的精神内核与人文追求。

06

用工匠精神打造匠心作品

在照明工程 3.0 时代，一些照明工程公司已具备设计和施工的资质，表明他们在项目设计和施工上具有了一定的专业能力。再后来，照明工程公司的主动意识开始觉醒，不再只对施工图负责，转变为对实际效果负责。进入 4.0 时代后，随着工程体量和难度的显著增加，照明工程公司必须在提高效率的同时，要保障光艺术作品的美感及准确度，让设计效果真正落地，这就要求照明工程公司进一步提高深化设计、光效验证的能力。

多年的行业经验表明，深化设计和光效验证水平是照明工程公司的核心能力的体现。这两个环节完成得好坏，将直接影响工程的最终质量。但如今依然有一些企业将之视为无效的"成本增量"，可有可无。殊不知，照明工程公司的匠人匠心，就集中体现在这两个环节上，要想在激烈的市场竞争中突出重围，做好深化设计和光效验证是关键。

用深化设计保证匠心品质

深化设计是在方案设计的基础上，整合环境、建筑结构、机电设施等客观条件和相关专业设计资料所进行的更深层次的施工图设计工作，本质上是照明工程公司在照明设计上结合工程实际的落地能力。从设计师提供的初始设计方案到设计效果的实现，需要经过严格的论证，在施工过程中还会遇到很多最初设计时没考虑到的问题，深化设计可以更全面地综合所有与项目设计相关的资料信息，及时发现问题、解决问题，最大限度地弥补在设计前端出现的失误，尽可能保障初始设计落地。深化设计对项目的效果、工期、成本等各方面的把控都会有很大帮助。

把设计大师的概念落地

通常，业主想做一个大型项目，会先参考国内顶尖灯光设计师对项目的意见。这些设计大师往往高瞻远瞩，站在城市规划、城市文化、城市夜景再营造的高度，给业主提出概念化、创意化的夜景营造方案。

每一个优秀的城市光艺术作品,都离不开设计大师的概念指导和创意指导。大师为项目注入灵魂,而我们负责打造灵魂完美的躯壳。大师为业主出概念、出想法,作为照明工程公司,就是要把大师相对概念化、创意化的设计要求,落实到具体实施上。这时,公司的设计师就要吃透大师和业主的想法,经过对现场的考察,把概念具体化,做出初始设计方案。随后,设计师再按照初始设计方案,与公司的施工团队、电气工程师团队一起,进一步考察方案实施的可行性,进行深化设计。深化设计要在不改变设计大师方案初衷的基础上,尽可能提升方案的表现力,让大师的概念具体化,把大师的创意做到极致。

重视每一处细节与难点

深化设计是在不改变设计方案初衷的前提下,细致到现场的每一处细节和难点,寻找解决方案的具体设计,是连接设计和施工的重要桥梁。在具体项目中,深化设计在多个实操环节中指导和保障光艺术作品的落地。

照明工程的施工现场通常存在很多初始设计时无暇顾及的难点,比如:灯具具体安装时,在外立面开槽的难度;在异形建筑上进行高空作业时的难

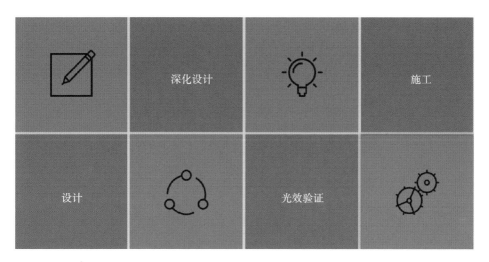

深化设计是连接设计与施工的重要环节

度；恶劣天气对施工造成的影响，等等。照明工程公司的设计、施工团队必须根据现场环境对初始设计进行改良，才能保证后期施工的顺利进行。

2017 年冬季，为配合青岛上合峰会的召开，青岛在全市范围内进行了景观照明的提升建设。其中有一项景观照明提升工程的 EPC 总承包项目，是青岛整体夜景提升的重要组成部分之一，包括四条城市主干道附近建筑和周边山体的夜景提升。在总长度约 15 千米的道路沿线，就有 165 个单体建筑需要进行夜景设计。业主要求在 2018 年春节前实现部分主要建筑的亮灯，但当时已是 12 月，冬日的青岛雨雪纷飞，加之巨大的海风和种种不利因素，给施工增添了不小的难度。在这样艰苦的环境中，高层建筑，尤其是异形建筑的施工成了整个项目的难点，也是我们做深化设计的重点。

▍景观照明提升工程中有很多异形建筑

这次项目中有一个典型的异形凹面建筑，大楼垂直高度 108 米，顶端凸出的墙面垂降与墙面的最远距离约为 4 米。如何在高空靠近凹面墙体进行灯具安装是我们首先要解决的难题。我们首先想到的是吊篮施工，但发现垂直下来的吊篮根本无法靠近凹面墙体表面，因为工期太紧，而吊篮施工的安全论证周期太长，同时受青岛海风的影响，施工非常不方便，所以我们最后选择了更加灵活的"蜘蛛人"来进行高空作业。为了让"蜘蛛人"靠近墙体表面，我们又进行了一轮深化设计，用绳索将统一水平面的"蜘蛛人"拉至墙体表面，然后用吸盘固定位置，并通过制作施工模拟动画，确保方法的可行性。在施工前，我们还对施工人员进行了培训和技术交底，让他们提前了解施工安装方法。有了这些前期的技术保障，施工人员在灯具安装过程中才能做到得心应手。

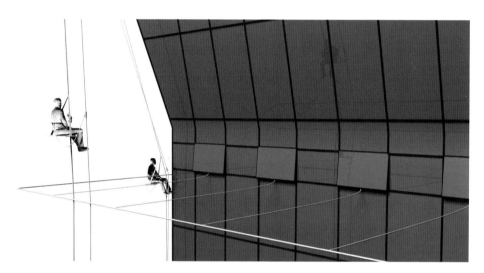

用"蜘蛛人"进行凹面建筑的施工

只有重视每一处施工的难点和细节，预先进行详细的深化设计，才能有效提升施工效率，从而保障光艺术作品的设计效果落地。

精确到每盏灯具的安装

深化设计除了针对施工难点和细节做出设计优化，还要针对设计效果，具体落实灯具的安装方式和位置，以保障实施效果。

城市景观照明提升工程有时也会包括城市附近自然景观的照明，比如，山体、湖泊等的夜景营造、山体的夜景照明。青岛上合峰会项目中就包括一个山体夜景照明的设计施工。该山体主峰海拔 384 米，总面积 7 平方千米，东西长 5 千米，南北长 2 千米，跨市南、市北、崂山三区，山体九峰排列，峻峭秀丽。设计师最初的设计效果，是把面向市区的山体明暗有序、有渐进、有层次地表现出来，营造暖黄色的夜景效果。

为了达到效果，公司的设计与施工团队相互配合，到现场进行踩点，进行详细的深化设计。山体不像建筑的玻璃幕墙，它的表面是凹凸不平的，要达到明暗有序的效果，灯具的安装位置与方向的选定非常复杂，如果仅按照图纸施工，夜晚亮灯之后，山体就会明一块暗一块，光线显得斑驳不平。于是，公司先拿出一批灯具在山上做实验，调整好灯具的色温和方向，对现场进行标号，同时结合经纬度和等高线进行整体定点，最终才输出了灯具安装图。

之后，施工团队再根据安装图进行灯具安装，并在全部安装到位后，进行最终的整体调试，以确保实际效果达到预期。正是这一系列深化设计，最终保证该项目成为匠心之作。

▎明暗有序、有渐进、有层次的山体效果

尊重自然，保护生态环境

光艺术作品的价值不仅在于其艺术美感，还要体现其人文精神，因此，深化设计还要以尊重自然、保护生态环境为前提，避免因打造作品造成光污染或环境影响。我们对青岛山体夜景工程的深化设计，就细致到考虑山上野生鸟类夜间栖息的问题。为了保护当地的生态环境，防止施工对山上的鸟类造成影响，在施工开始前，公司就和业主单位、专家一起召开了专项会议，从灯具的照射范围、灯具的参数要求以及灯光控制三方面进行论证，尽可能做到保护自然环境。在施工过程中，我们同样按照保护大自然的要求，对管线敷设进行了隐藏，将灯具颜色处理成与山体、植被相近的颜色，使灯具融入周边环境。

另外，由于该山体未经开发，也不允许修建道路，这对运送工程施工物资造成极大难度。我们就采用挑夫人工搬运、骡马驮运的方式来将管线和灯具运送上山，后来，还自建了一个小索道来进行运输。

为了不影响鸟类栖息，同时避免安全隐患，公司确定了一个原则——绝不能把灯具安装在树上。为了遵守这个原则，同时又达到效果，我们将灯具隐蔽在草丛里，避免朝向树林，让现场见光不见灯。经过一系列深化设计，最终的施工效果非常接近设计效果。晚上亮灯后，那真是一件美轮美奂的光艺术作品，无论业主还是青岛的市民，看后都感慨万千，赞叹不绝。

如果照明工程公司只是草率地按图施工，不进行深化设计，不仅无法达到理想效果，而且还会破坏周边的生态环境，这样的施工效果是不能称为光艺术作品的。

戒浮戒躁，打造匠心精品

照明工程进入 4.0 时代，市场越来越要求公司的管理者戒浮戒躁，拥有"修"、"静"、"虑"的定力。"修"是一种克制，灯光效果能由放到收，它的核心要求就是绿色照明，减少高能耗、减少光污染；"静"是冷静，用平静安宁的呈现形式，让人们体会到光艺术作品的舒适和魅力；"虑"是思考，是 4.0 时代照明工程公司对美的不懈追求。这一切，都需要以一颗匠心为前提，以落实到每项细节的深化设计来保障。

目前，我国城市景观照明工程迭代之快超乎想象，几乎每 3～5 年，城市就要重新做一次景观照明提升，大量的重复建设导致巨大的资源浪费。但如果我们用打造光艺术作品的匠人匠心来对待每一个项目，巧妙地利用地形优势，让工程的设计、施工都深化到每个细节，想必这些项目都能够成为经典。如果我们绝大部分照明工程企业，都努力为精品工程而付出，那必将为社会创造巨大的价值，也不负这个时代赋予匠人的使命。

光效验证必不可少

毋庸置疑，光效验证是实现光艺术作品的关键。仅从个案来看，获得 IALD 卓越奖、IES 照明奖、中照照明奖、亚洲照明奖的经典光艺术作品，光效验证都起到举足轻重的作用。时至今日，光效验证已成为每个项目设计施工的必备环节。

景观照明是一项非常特殊的工程，要实现灯光效果，必须进行光效验证，它就像"临床实验"，用少量灯具制造 1:1 的夜景样本，让光效符合设计效果，让业主看到公司的能力和实力。

在很多 EPC 项目中，公司常常会告诉业主，把项目交给我们，我们就能保证效果，其原因就是前期细致的光效验证，公司制作的效果图和最终的实际效果没有多少差别。这是行业内很多企业无法保证的。因此，对于 4.0 时代的照明工程公司，光效验证实在太重要了。

建立信任的关键步骤

首先，光效验证是宣导、营销的必备环节，是增加业主对公司信任度的关键。愿意做精品工程的业主，必然对落地效果最为关心，通过光效验证，能打消业主的顾虑，认可公司的态度与付出，最终达到业主对公司能力的绝对信任。

2015 年，我们跟进了一个某银行总部大厦的夜景项目。我们出了效果图，并向业主报价，这时竞争对手找到业主，出价比我们的低很多。

为了让业主有信心，我们就建议两家公司都来做光效验证。相比之下，高下立见，低价方案根本不可能达到设计效果。业主看到了光效验证，便更加确信我们的设计效果是可以实现的。

▎某银行总部大厦灯光设计效果图

正是因为当初的光效验证给项目决策人留下了深刻的印象，业主并没有选择低价方案，而是把这两套方案都提到公司董事会上，把两家公司的设计效果放给董事会成员看，并且把光效验证的过程解释给董事会成员听。最终，我们的方案打动了董事会成员，报价一分钱没降，就拿下了这个项目。

在公司早期做的某大剧院项目中，光效验证的作用同样举足轻重。当时业主认为不少照明工程公司都是说一套做一套，计算机处理的效果根本不可信，表示一定要看到真实的样品才肯相信。因此，公司找到一个篮球场模拟大剧院外墙结构，在上面铺开灯具，制作了一个接近 400 平方米的光效样品。这么大的面积，我们只能站在吊车上拍摄光效视频和图片。完成后，我们把业主请到现场，让他也站在大吊车上看效果。最后，业主终于相信，我们能做好这项工程。

▎用吊车拍摄光效图片

保障光效落地的第一指标

光效验证后得出的参数还是保障光效落地的重要指标，是值得照明工程公司做大量投入的必备环节。

上文提到的某银行总部大厦项目，最初的灯光设计方案是希望通过选用 4200 K 的白光，来实现江南毛竹节节高的艺术表现效果，从而展现企业蓬勃向上的精神面貌。我们一共做了 12 次光效验证，不断细化灯具参数和具体安装方案，最终才实现这一光效。

┃第 1 次光效验证：发现问题严重，顶部会亮

在开工之前，我们进一步细化业主的光效需求。经过与业主的不断沟通，我们发现业主对于光效有八大需求，主要是灯光设计需要符合建筑的主题，灯光要具有表现力，要柔和、悦目，安装之后见光不见灯，绿色环保等。根据这些要求，公司经过商讨确定了具体的解决方案，并逐一进行验证。

业主的光效需求	解决方案
主题符合性	经过灯光包装，建筑依然能体现出"节节高"的主题
色彩方案	必须是有表现力的光
合适的均匀度	必须是悦目的、柔和的光
光效要有场景的编辑能力	要做成"有表情的光"，体现灯光的增值性
同步性、刷新率	集成操控之下灯光表现出来的潜力与实力
可安装性、可维护性	灯具必须是易于安装和更换的
与白天景观的和谐性	安装后不见灯、不见线
节能性、科技性	必须是科技的、绿色的光

业主的光效需求和解决方案

我们选择了大厦的中间两层作为光效验证样板，每层 9 个窗格，共计 18 个。之后，我们在离样板 166 米的位置设立了主视点，用于观察光效，并给业主讲解、观摩样板。

现场进行光效验证

在样板区域范围内，公司主要安装实现艺术效果的灯具、灯具安装槽、灯具连接线缆、供电电源、配电柜、控制器等设备，按照电气施工图，列出样板段施工部分的详细材料清单。

材料配齐后，我们便根据需求列出具体光效验证计划，以确保光效落地。

| 某银行总部大厦的光效验证计划

光效验证项目	验证要求
主要视点各区域平均亮度	平均亮度不低于 30 cd/m^2
主要视点各区域的颜色、色温、均匀性	主要视点均匀性不低于 1:2
主要视点各区域的分辨率和动态刷新率	刷新率不低于 30 帧 / 秒
主要视点各区域对白天景观的影响	必须实现无影响
主要视点各区域眩光和亮光点的影响	杜绝眩光，防止亮光点出现
主要视点各区域对室内向外观景和对室内的影响	要降到最小
主要视点各区域受光材料反射率和透光材料透光率要求	反射率不低于 75%
主要视点受光材料和透光材料的尺寸及安装影响	必须实现无影响

这12次光效验证中，有6次比较关键。第1次光效验证，工程人员搭建1:1模型幕墙，用原设计洗墙灯洗亮侧壁。但我们发现这样眩光严重，同时顶部会亮，原设计方案就很难实现；之后，我们对主视点各区域平均亮度、颜色、色温、均匀性进行测试，发现均未达到理想效果。

于是，在第2次光效验证中，我们进行了一些改进，改洗墙灯为多个小投光灯，分段投光，从而解决了一定的眩光问题。但主要视点各区域的分辨率和动态刷新率仍存在一定问题，混光就可能产生干涉。

进一步改进后，我们做了第3次光效验证，这时混光不产生干扰，选择单色光时，顶部的亮度也变得可控了。

正当我们高兴的时候，业主又提出要做全彩效果。为了达到要求，我们做了第4次光效验证，增加了反光罩，通过微距矫正、二次配光，终于让顶部打亮的问题稍有解决。但我们做彩光验证时却发现，单彩可以表达效果，可一旦混光就无法实现光效了。

通过4次光效验证，我们得出结论：（1）全彩变化的效果需求需要调整；
（2）窗框底部装灯的技术可实现性有待考证；（3）必须对这个光艺术作品
进行系统架构。

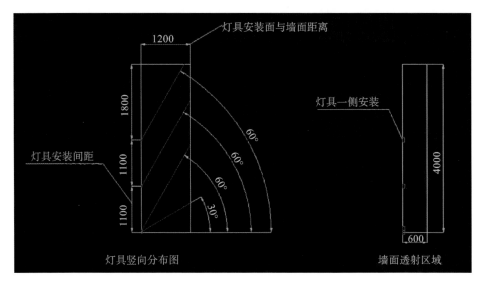

|深化设计后的灯光照射角度和安装位置（单位：mm）

这时我们发现，窗框有一个7～8 cm的边可以隐藏灯具，于是我们更
改了安装方式，采用小投光灯安装在侧壁对投，并进行了第5次光效验证。
根据数据，我们的专家组判定，除了侧壁对投，还要在窗格底部安装两盏
LED灯补光比较合理，但还要进一步解决室内眩光的问题。

于是我们做了第6次光效验证。这一次我们采用遮光板来解决室内眩光
的问题，灯光投墙后均匀、无眩光，窗格顶部亮度值也符合要求，光效终于
符合了我们的设计。但要达到全彩效果，仍然存在一定问题。

在与业主进行全面沟通后，公司对初始设计方案进行了深化，为了满足
全彩的需求，公司从该银行logo的颜色中，选取了白色和琥珀色作为主色调，
整体光色稳重而内敛，能很好地诠释该银行总部大厦的形象和地位。

在第7次光效验证中，我们通过对纯金色和合成金色的效果对比，

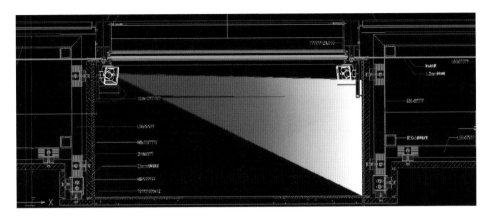

更改安装方式,侧壁对投

对金色光的色彩进行了确认。针对出光口,我们也在实验中进行了多次调整,在保证效果可实现的前提下,从 165 mm×350 mm 调小到 60 mm×350 mm。之后的 5 次光效验证,我们进一步对各个细节做了精修。经过所有人的努力,现场光效验证的效果终于达到预期。

　　这12次光效验证,公司投入了大量人力和物力,精细到所有的光效细节,也保证了后期施工的效率和质量。只有在光效验证的每个细节上不断苛求,公司才创造了这项精品工程,也让业主充分认识到,我们的报价虽高,但物

灯具安装与建筑融为一体,见光不见灯,室内无眩光

有所值。

另外一个文化艺术中心项目是中国第三个获得 IALD 奖项的项目，它获奖的"秘诀"同样是光效验证。

该项目的建筑载体很好，我们的设计师一看就知道它适合做景观照明。其外立面以菱形四边形的边框构成，在施工方面也拥有得天独厚的优势：只要在窗框边上贴条灯，向外洗亮侧壁，就能产生很好的光效。

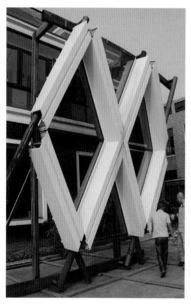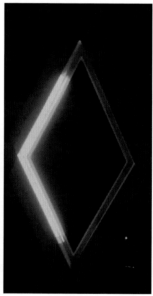

▌最初方案：向外洗亮侧壁

但施工真的这么简单吗？实际情况是，为了解决灯具的隐藏安装、光色的均匀度、避免眩光的产生、走线维修等技术问题，我们专门制作了一组 1∶1 大小的菱形格结构，先后共经历了 5 次光效验证。

在第 1 次光效验证中，设计人员将灯具安装在菱形格的沟槽中，但是光源直接对外照射产生了刺眼的眩光。

为此，设计师重新对菱形格的内部结构进行研究，最终决定遵循"月光法则"，使用间接光来打造。设计师创造性地将灯具隐藏在了外装饰铝板与玻璃之间，所以在第2次光效验证中，光线变得柔和了，但是灯珠会反射到玻璃上，见光又见灯，影响了观感。

第3次光效验证，我们又将灯具从菱形格的边缘转移到了底部，发现光线很不均匀，依然达不到预期的效果。

第4次光效验证，结合前面出现的问题，我们采用了对投的方式，才保证了光线的均匀，也避免了从正面看到灯珠的情况。同时，我们还加装了遮光罩，避免了玻璃的镜面反射。之后，我们在现场对1:1的菱形格从不同角度、距离、视角点进行了测试和分析，根据数据进行细节的调整，从每个角度看都能保证其美感。

在解决了灯具安装和角度问题后，我们在第5次光效验证中开始进行色彩的调试。我们突破性地使用了RGBW四色，原因是靠三原色混合出来的

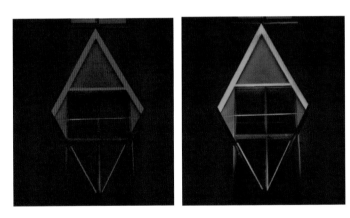

▎第4次光效验证：正视点光效测试

▎第4次光效验证：侧视点光效测试

白色没法达到光效要求，只有真正纯净的白色，才能展现这座建筑的风采。

▎经过 5 次光效验证后的某文化艺术中心项目

就这样，经过 5 次光效验证后，一件令人惊叹的光艺术作品终于呈现在世人面前。上天没有辜负这个执着的团队，美国东部时间 2015 年 5 月 6 日晚，第 32 届 IALD 国际照明设计奖颁奖典礼在纽约如期举行。一座远在大洋彼岸的项目，凭借惊艳的实景灯光效果，从 206 件来自世界各地的光艺术作品中脱颖而出，摘得了全球照明设计界的"奥斯卡金像奖"——IALD 卓越奖。如果说 2008 年北京奥运会的"水立方"第一次用灯光艺术惊艳了世界，那么 7 年后，这座并不那么出名的建筑，凭借其美轮美奂的灯光，让世界记住了她。

锻炼所有员工的"演兵场"

照明工程进入 4.0 时代，光效验证的另一项关键作用，就是成为锻炼照明工程公司所有员工能力的"演兵场"。同时它也是做匠心工程企业的具体体现，是照明工程公司每一名员工都应该了解和熟悉的核心领域。

公司的品牌宣导和业务服务部门要通过光效验证打动客户，设计部门要通过光效验证进行深化设计，施工人员要通过光效验证熟练掌握施工技巧，采购部门只有通过光效验证才能与上游企业沟通产品的参数和性能，财务、成本部门通过光效验证结果能对工程成本和报价有更精确的估算。公司所有人只有通过光效验证这一环节，才能对光艺术作品的概念有更深层次的体会。没有光效验证，就没有光艺术作品的诞生，照明工程的 4.0 时代也无从谈起。不论是过去、现在，还是未来，光效验证都是引领照明工程公司发展前进的关键动力。

科技为梦想插上翅膀

照明工程行业一路走来，科技的力量显得越来越重要。随着时代发展，强调科技创新，让科技为梦想插上翅膀，将是我们孜孜以求的目标。

智慧灯光控制是大势所趋

照明工程 4.0 时代，以大型城市灯光秀为代表的夜间经济蔚然成风，业主常常提出数百栋楼体灯光联动、交相辉映的需求。未来，这样的需求将日益常态化，这就急需照明工程公司在智慧灯光控制领域做大量投入。

在这一方面，我们早期就有相应的实践。在做某市临江景观照明提升工程过程中，我们不仅将沿岸数十栋建筑进行夜景美化，还设计了灯光的控制系统。游客能够体验到"景随船动"的智能化夜景效果——船到了江上，通过系统控制，江边建筑的画面就根据船上人的主视点做随机切换，让主画面始终在人的视觉范围内。

另外，控制系统还实现了灯光的故障反馈。在很多夜景工程中，因为灯具安装得很密集，很容易把故障灯遮盖起来，很难用肉眼观察到。但这类故障灯如果坏了不修，时间一长，周边的灯就会密密麻麻地一起损坏。但我们这套控制系统已经能实现精准定位故障灯的位置，并及时在后台反映出来。

对此，我们还申请了相关软件的专利。

如今，灯光集成控制系统已经被我们应用于多个大型灯光秀中，比如青岛的道路景观照明提升工程涉及 165 栋单体建筑的联动；深圳湾的灯光秀涉及 103 栋建筑的互相配合。

让数百栋大楼亮起来并不是难事，但是让那么多楼宇联动，展示动画就是一个挑战了。在深圳湾的灯光秀项目中，由于时间非常紧迫，设计团队完成动画分割和集成控制系统安装之后，相关人员就马上开始进行现场光效验证。

第一次，我们选择在控制中心进行调试，一组人员在控制室，另一组人员在外侧观看效果，并进行确认，但这样做的效率非常低，无法按时完成调试任务。

第二次，我们将调试地点放在了天桥上，通过网线连接控制台进行控制，但因为观看点不在正常视角上，测试人员无法准确地查看具体效果。

第三次，我们将观看点放在了普通市民的观看点上，使用笔记本电脑网络连接的方式进行调试，发现操作依然不够灵活，效率低下。

最后，通过工程师们的努力，我们采用了无线桥接的方式，终于在 48 小时内准确快速地完成了现场的灯光调试。

在短短的 3 天里，我们完成了内容动画的策划制作和现场的灯光调试，不仅顺利完成了国庆期间的灯光秀作品，还得到了业主和市民的高度认可，这与公司的精益求精以及在科技上的巨大投入是分不开的。

5G 开启智慧照明万亿市场

如今，城市灯光秀的需求越来越多，这都少不了集成控制系统。未来，随着 5G 时代的来临，智慧路灯的控制系统必将要与整个城市的系统兼容，一键控制将是智慧照明控制系统研发的主流方向。

在 2019 年的全国两会上，5G 成为代表委员们热议的焦点问题。李克强总理在政府工作报告中提出，改革创新科技研发和产业化应用机制，大力培育专业精神，促进新旧动能接续转换；深化大数据、人工智能等研发应用，培育新一代信息技术、高端装备、生物医药、新能源汽车、新材料等新兴产业集群；加大基础研究和应用基础研究支持力度，强化原始创新，加强关键核心技术攻关；健全以企业为主体的产学研一体化创新机制；扩大国际创新合作；全面加强知识产权保护，健全知识产权侵权惩罚性赔偿制度，促进发明创造和转化运用。5G、人工智能、高端装备、生物医药等是中国产业转型升级的突破口，符合中国的现有产业基础和市场优势，也符合全球产业升级的未来方向。

5G 将加快推进终端的产业化进程，与照明工程行业息息相关。5G 首先将催生一个万亿元级的新兴市场——智慧路灯的大规模建设和运营管理。由于 5G 使用较高的频率，预计 5G 站点密度至少为 4G 的 1.5 倍，室外基站总数将超过 600 万个，因此，智慧路灯作为新型智慧城市建设的入口，也是未来承载 5G 基站布点的最佳载体。

每一盏智慧路灯都是通电的，这将成为非常好的集成载体。智慧路灯灯杆可以集 wifi、监控、广播、环境监测、资讯、充电、停车收费等多项功能于一身。可以通过应用先进、高效、可靠的电力线载波通信技术和无线 GPRS/CDMA 通信技术等，实现对智慧路灯的远程集中控制与管理。它还具有根据车流量自动调节亮度、远程照明控制、故障主动报警、灯具线缆防盗、远程抄表等功能，能够大幅节省电力资源，提升公共照明管理水平，节省维护成本。

在智慧路灯的建设方面，照明工程公司拥有得天独厚的天然优势。面对这样巨大的市场，加大照明控制系统等科技研发和投入，配合原本在资本、艺术领域的优势，必将为照明工程公司实现梦想打造有力武器。

照明工程公司虽然不生产灯具，但非常重视产品的质量。在生产过程中，工程公司要参与产品的前期定制，有些灯具甚至是照明工程公司参与设计的，在一些灯具的创新领域，应积极申请专利保护。未来，随着配合 5G 时代智慧路灯的大规模普及，照明工程公司将进一步整合上、下游资源，特别是科技资源，为人类更智慧的生活服务。

"小成本"投入带来大收获

行业发展的客观规律告诉我们，4.0 时代的照明工程公司，想做匠心作品，关键要理念先行，首先将自己定位成为一名"匠人"。企业经营者不应计较小得失，我们只有舍得投入小成本，将来才能有大收获。

4.0 时代的照明工程公司和以往照明工程公司的核心差别就是理念不同。前者的理念是在把事情做好的前提下，再考虑赚钱；但更多公司首先考虑的是这个项目能不能赚钱，能赚钱再考虑把好事情做好。

有了"不计较小成本"的理念，在精选项目后，公司才会舍得做各种"小成本"的投入，比如精美的设计方案、深化设计、光效验证、施工中处处彰显的匠心细节等。这些投入，在很多公司眼中是可有可无，甚至是浪费人力、财力的，但 4.0 时代的照明工程公司必须坚持做。磨刀不误砍柴工，虽然一次光效验证或许会耗费数万元甚至数十万元的成本，一场深化设计或许会让工程进度变缓，但是只有这样才能赢得业主的信任，才能提高工程的效率与质量，才能获得其他公司羡慕的"大收获"。

比如早期的某大剧院项目，我们首先用 3D 动画的完美表现形式让业主一见倾心。然后，我们进行小成本的光效验证，让业主看到了实际效果，在光效验证的过程中，业主不断地加深对我们的信任度，他们相信这个项目不是设计师在计算机上天马行空设想出来的，而是能真正落地实现的。

正是我们不断地投入这样的"小成本"，才取得了业主一次次的信任，也让大收获变得触手可及。照明工程进入 4.0 时代，深化设计和光效验证绝不是可有可无的"成本增量"，而是照明工程公司匠人匠心的体现和最核心的竞争力。

07

精品工程施工：一切为效果服务

4.0 时代照明工程公司的最终目标，是为了让更多、更优质的精品工程落地。因此，就照明工程公司的施工环节而言，它要求施工必须做到安全无事故，保质保量追求完美，按时按进度完工。做出精品工程的关键，在于一切向效果负责，一切为效果服务。

在 4.0 时代，施工所参照的对象已经发生了改变。以往，施工仅向施工图负责，落地效果好不好公司不管，而随着业主要求越来越高，照明工程公司深化设计、光效验证的能力在不断提升，设计师参与到公司全流程的管控体系，电气工程师全程指导电气施工图与电气设施的装配，工程团队和设计团队不断沟通协作。外部环境中，照明工程的体量、施工难度、科技含量，已远远超过人们当年的想象。打造高端化、差异化光艺术作品的使命和初心告诉我们，如今，拥有一大批信得过的施工人才队伍，比以往任何时候都重要。

在照明工程 4.0 时代，照明工程公司施工必须在事前、事中、事后都落实严格的管控制度；必须以匠人匠心、打造精品工程为要求，做好每一个施工细节；工程的竣工质量必须赢得业主的认可，赢得现场监理人员的信任，我们还要合理控制施工进度和施工成本，符合审计要求，最终让欣赏光艺术作品的市民有更强的获得感。

多年的项目经验告诉我们，光艺术作品工程管控的过程其实也是"二次商务"、"二次经营"的过程。它所带来的无形价值，对于公司的品牌提升，对提升甲方对公司的美誉度和信任感，起到了关键性的作用。

新时代施工迎来新挑战

我们发现，随着政府和社会越来越重视灯光的价值，以及照明工程公司自身品牌、实力的提升，如今照明工程公司所做的项目与以往已经有了本质的区别。

项目体量、难度显著增加

从工程的体量和难度上看，以往照明工程公司更多是做一些小型的单体项目，比如一栋建筑的夜景工程。但现在，公司常常会承接一些巨型综合体，或一些区域的地标性建筑，比如某大型机场航站区光艺术作品项目等。另一类施工对象，往往是城市中心上百栋大楼的整体夜景工程。比如深圳湾的灯光秀，涉及夜景亮化的就有 103 栋建筑，又如某市临江夜景美化提升工程，包括 16 栋建筑和 5 座跨江桥梁。

这些工程的体量和施工难度，较以往的小型单体项目已不可同日而语。

项目工期紧、任务重

从施工时长上看，很多项目规定的施工时间非常短。往往是有关部门调研规划 1 年，设计师设计 1 年，留给照明工程公司的时间，只有 2 ～ 3 个月，甚至不乏一个多月就要求完成的。短期内保质保量地完成大体量工程是非常困难的，它需要整个公司从上游采购、光效验证、深化设计、人员调配实施，再到核心操控技术的完美管理与配合，才能实现。照明工程公司如果没有一定实力，要在两三个月内完成几十栋甚至上百栋建筑的景观照明工程，几乎是天方夜谭。4.0 时代要求照明工程公司有过硬的队伍建设和管理建设。

施工图要求快、准、稳

4.0 时代的照明工程公司，最核心的能力是深化设计的能力。现在很多城市灯光秀，要求做建筑灯光的整体联动，但碰到很多城市老楼，连当初的设计图纸都没有，在业主迫切的要求下，就需要工程团队更加紧密地与设计团队快速联动，发现问题及时沟通解决，通过深化设计，准确、快速、稳定地画出工程施工图，施工图必须要接地气，要跟现场相吻合。在工程体量急剧增加的 4.0 时代，对于施工图的要求也越来越高。

施工科技含量大幅提升

4.0 时代的照明工程公司在施工方面的科技含量正大幅提升，从而让施工效率大大提高。比如，吊篮施工是照明工程公司传统的高空作业方式，但吊篮论证和调配时间长，安全风险高，应对恶劣天气的能力不足，在高层建筑项目中，公司尝试使用灵活的"蜘蛛人"施工，并通过科技手段进行改良，不仅增加了施工的安全系数，还能应对各种异形建筑对施工造成的影响，让施工效率显著提高。

未来的施工环节，科技必将成为"第一生产力"，成为解决工程难题的关键要素。

安全始终是第一生命线

"施工安全"虽然是老生常谈，但却是不可回避的关键问题。它是所有照明工程公司的"第一生命线"。对 4.0 时代的照明工程公司来说，正因为企业的品牌价值和社会知名度都达到了前所未有的高度，就更要将工程安全放到最重要的位置。

安全是一切工作的前提

如果照明工程公司的安全保障没有做好，出现安全事故，即使之前的工程做得再出色，都将不再被认可。严重的安全事将对受害者及其家属造成无法抹去的伤害；对于工程的具体责任人，将会受到处罚甚至吊销相关执照和资质；对于在建工程，也将旋即遭遇停工检查，导致照明工程公司严重的经济损失。

更为重要的是，在 4.0 时代，安全事故将会让公司好不容易建立的良好品牌形象遭遇毁灭性打击，之前向市场做的所有正面宣导，这时都有可能成为反向的"利剑"，砍向照明工程公司自己，甚至让整个行业都蒙受损失。

大家都熟知的三聚氰胺毒奶粉事件，正是由于"三鹿"忽视安全生产，利欲熏心地在奶粉中加入三聚氰胺，导致大量儿童罹患肾结石甚至死亡。与很多成功的公司一样，"三鹿"早期非常重视品牌建设和品牌营销：1993年，率先实施品牌运营及集团化战略运作；1995年，率先在中央电视台黄金时段播放广告；2005年8月，"三鹿"品牌被世界品牌实验室评为中国500个最具价值品牌之一；2006年，"三鹿"位居国际知名杂志《福布斯》评选的"中国顶尖企业百强"乳品行业第一位；2007年被商务部评为最具市场竞争力品牌，"三鹿"商标被认定为"中国驰名商标"，产品畅销全国31个省、市、自治区。在出事之前，三鹿集团的品牌估值一度高达149.07亿元。

然而，三聚氰胺事件的发生让这个中国乳业巨头轰然坍塌，150亿元的估值灰飞烟灭，还直接导致国产乳粉企业的信誉大幅贬值，至今都没有恢复。如今，前往香港购买洋奶粉的人依然络绎不绝，即使香港不得不严格控制购买奶粉的数量，仍未打消年轻父母购买洋奶粉的热情。

登高易跌重，船大难掉头。如果"三鹿"当时只是一家没有名气的小企业，出了事可能只需要做合理的赔偿即可，但强大的品牌影响力是一把双刃剑，最终反过来给了它致命一击。

4.0时代的照明工程公司品牌价值与日俱增，我们更应始终把施工安全放在首位，否则就极有可能丢掉我们好不容易打造起来的"饭碗"，甚至连带影响整个行业的发展。

我们面对的安全形势其实非常严峻，城市景观照明工程中，90%以上都需要工人进行高空作业。前北京市安监局局长张家明就曾明确说过："高空作业绝对是一个高危工种，北京平均每年有40人在从事大楼清洗、空调安装等高空作业时死亡。"

照明工程公司担负着极高的施工风险，公司负责人更要时时刻刻牢记安全生产，只有在保障安全的前提下，才能对施工质量和进度有要求，打造光艺术作品才有意义。

安全要细化到每个细节

对于高空作业安全生产的相关事项，每个照明工程公司都必须有严格要求。

首先，照明工程公司在选择劳务派遣工人时就该有相应的规范：工人尽量要选有高空作业资质与经验的、干过几年的老工人。工人身材不能太胖，必须要选瘦小、灵活的，现场体检合格，没有高血压、心脏病等相关病史。

工人来到现场后，项目负责人要对他们进行测试，让这些工人先做一个样板试一试，看他们是否有相应的施工能力。对于初来工地的工人，公司绝不能直接让他们去工作，而是必须依据当地安监部门的法律、法规，确保工人拥有高空作业资格，同时进行相应的岗前培训，让工人们适应工作环境，才能慢慢让他们上手做。

具体到悬空作业时，公司要求在楼上有监护人，下面也有监护人，两头都要监管，两头都要及时为工人提供帮助。这样即便遇到突发安全问题，"双保险"都能及时做出反应。此外，工人身上必须绑有两根绳子，一跟是操作绳，负责上下，另外一根绳子是生命绳，在危险发生时，即使工人没有抓住操作绳，另一根绳子也能吊住他。

进场施工的每天早上，工地都要对每个施工人员做安全教育培训，尤其是在冬天，绝对不能忽视。冬天户外寒冷风大，工人的手在外面很容易就变僵硬，往往最容易出安全事故。所以每天施工前，相关人员对天气都要进行评估，比如风到了五级以上，高空作业就会出现剧烈的摇晃，碰到这种情况，工期再紧工人都不上去施工。另外，工地碰到下大雨也不能施工，必须有明确安全控制指标，公司要为工人购买相关保险，后期带电施工时，严控触电事故发生。

▎高空作业安全生产相关事项

事项	具体要求
坚持开展经常性安全宣传教育	认识高处坠落事故规律和事故危害，牢固树立安全思想和具有预防、控制事故的能力，严格执行安全法规，当发现自身或他人有违章作业的异常行为时，应及时处置，防止事故发生
高空作业人员身体条件	①不准患有高血压病、心脏病、贫血、癫痫病等不适合高空作业的人员从事高空作业；②对疲劳过度、精神不振和思想情绪低落人员要停止其高空作业；③严禁酒后从事高空作业
个人着装	①配备安全帽、安全带和有关劳动保护用品；②不准穿高跟鞋、拖鞋或赤脚作业，悬空高空作业要穿软底防滑鞋；③不准攀爬脚手架或乘运料井字架吊篮上下移动，不准从高处跳上跳下
保护设施	①升降吊篮时，保险绳要随升降调整，不得摘除；②提升桥式架、吊篮用的倒链和手板葫芦必须经过技术部门鉴定合格后方可使用；③承重钢丝绳和保险绳应用直径为12.5 mm以上的钢丝绳，严禁超负荷
恶劣天气条件下禁止作业	不准在五级强风或大雨、大雪、大雾天气从事露天高处作业

每一项工程都有其进度控制，但它必须要以落实安全为根本。试想如果照明工程公司为了赶工期，不惜野蛮施工，不小心出了安全事故，工程停工，何来工程进度？为了赶工，一哄而上，不按程序、不遵守施工工艺规程，何来工程质量？安全事故造成工人停工、窝工、返工的损失，又谈何控制工程成本？

"工程安全重于一切"。在工程安全的保障上，照明工程公司的现场负责人应尽量与监理方、业主保持良性互动，严格按照法律法规，坚决杜绝安全事故，使施工进展处于不快不慢、不慌不忙、井然有序的良性推进状态，才能事半功倍，真正提高效率，顺利完工。

专业人才保障施工质量

"安全第一，质量为本"。谈完安全，接着来谈谈质量。4.0 时代照明工程公司对于施工质量的保障是全方位的，我们有相应的管控体系做支撑，但施工人才队伍的建设更是保障施工质量的关键，专业人才是公司最宝贵的资源。

打造电气工程师团队

在早期照明工程公司的"包工头"眼中，他们所需要聘请的无外乎是一群电工，能够把电灯完整地装成一个回路，让灯泡亮起来，他们就完成使命了。但如今，城市照明工程的体量已经远远超过了人们的想象。比如，某大剧院照明工程项目就用掉了 43000 多套灯具，这样大的量，如果让一名电工来设计电路走线，无异于天方夜谭。

如今所有大型夜景工程的技术内核，实际都是一个大型的电气工程，对于一些找不到图纸的老楼，该如何走线，就更离不开电气工程师了。

因此，为了保障施工质量，让光艺术作品的设计落地，应对巨大的工程体量，公司专门打造了一支强大的电气工程师团队。电气工程师的主要工作主要有七个方面：

（1）绘制、审核、把关和保管电气工程图纸；

（2）审核电气施工方案，检查施工过程中材料的规格、品牌、技术性能等与图纸是否一致，对一般质量问题进行及时处理并上报领导；

（3）检查施工现场电气施工情况，现场安装调试电气设备，配合光效验证实施，分析处理现场故障；

（4）制定电气设备及计量仪器的各项规章制度及操作 SOP（标准操作程序），制定维修计划及周期检查计划，并协调日常的维修、保养及计量检查等工作；

（5）建立、完善电力设备固定资产的统计及计量器具的档案、统计、编号等管理系统；

　　（6）在电气设备及备品备件的添置和工程项目中，严格按照公司制定的采购程序，把好质量关；

　　（7）协助各专业部门的各类验证工作。

　　电气工程师被认为是施工质量的重要保证，也是团队拥有深化设计、光效验证能力的重要前提，更是打造光艺术作品的核心竞争力之一。我们将电气工程师团队派到工地上去，全程负责指导工程施工。这支队伍的人员素质会越来越强大。

　　项目开展时，电气工程师会马上去现场调试，会马上把电气工程图拿出来做光效验证。如果光效达不到该如何改良？如何做深化设计？这些问题都需要电气工程师的积极配合，只有完成电气施工图的设计之后，工人才能施工。4.0时代的照明工程公司，对技术的依赖越来越强，科技因素的影响也越来越大，因此，电气工程师是公司工程安全、工程质量和工程进度的重要保障力量。

打造精兵施工队

　　要严把工程质量关，施工工人的水平其实是关键因素。打造一支强有力、高水平的施工队伍，在4.0时代的照明工程公司显得尤为迫切。

　　在照明工程的实际施工中，工人们绝大多数时候都要在高空作业，其施工的技术难度和安全风险不言而喻。只有专业的技术老手才能保证施工过程的安全和质量。因此，我早在成立公司的初期，就想到成立一支属于公司的精兵施工队。从公司的成本角度考虑，成立施工队虽然会对公司财务造成一些压力，但这支队伍对公司的价值更重要。

　　目前市面上很少有其他照明工程公司有自己的施工"常备军"。施工工人都是通过第三方劳务派遣的方式招聘来的"农民工"，他们往往干完一项工程，就会去接下一单活，今天做泥水匠，明天可能就转做电工，很难保证专业性和熟练程度。有些人甚至是刚刚出门打工的没有经验的新手。这不但给施工安全留下隐患，还让施工质量无从保证。

因此，在公司成立早期，我们就通过选拔的方式成立了一支施工班组，想把他们打造成一支精锐部队。我们对他们进行了三个多月的集中培训，训练他们在高空中施工的能力。当时，就在公司的大楼旁，他们每天都在练习怎样爬上爬下，在高空中安装灯具，熟练每一个动作、每一个技巧。经过不断地打磨和筛选，最终留下来的也只有不到原来一半的人，成为公司施工的"王牌军"。

现在，这支"王牌军"在我们具体工程施工中发挥了巨大作用，成为我们项目实施的重要保障，他们的作用是普通劳务派遣工人无法替代的。

首先，精兵施工队保证了施工质量。不言而喻，公司自己的施工队无论从经验还是能力上，都能够以一当十，施工队是光艺术作品得以落地的具体保障，公司对他们的能力更为了解，他们对公司的信任度和对工程实施的理解力也比劳务派遣的农民工强很多，劳资双方沟通也没有障碍，管理更加方便。

其次，精兵施工队便于公司在关键时刻抢工期，应对用工荒。照明工程的施工时间紧、任务重，尤其在劳务紧缺时，公司用工成本急剧上升。

在 2018 年上合峰会前夕的青岛，工地上几乎有几十万农民工同时施工，很多"包工头"半开玩笑地说，中国一半的工人都来青岛了，这也让青岛的劳务价格水涨船高，原本请工人一天要 200～300 元，但在那段时间，花500 元在青岛都很难请到工人，面对一些陌生的工人，公司对他们的施工质量很难放心。这种情况会造成公司资源的极大浪费，粗略一算至少会超出预算 30% 以上。所幸的是，公司拥有这支"王牌军"，他们的先锋引领作用立刻在工地上突显出来了。往往"王牌军"上手做一个样，其他劳务派遣工就能"依葫芦画瓢"快速领会上手，而一旦出现了施工难点，"王牌军"也能够立刻想到解决方案，这样就大大提高了工程效率，实际也降低了用工成本。如今，4.0 时代的照明工程公司所承接的工程已经分散到了全国各地，这就更加需要这支"王牌军"在关键时刻去到最需要他们的地方，冲锋陷阵，以一当十。

这支"王牌军"还便于在抢工期后对光艺术作品进行检查和提升。在施工实操中，施工质量和施工进度几乎是一对天然矛盾体。抢出来的东西一般来说都是个大半成品，还达不到光艺术作品的要求，有些工程，虽然外立面已经做得很好，但工程量太大，就需要事后再花十多天时间来整改，这就需要"王牌军"进行后期维护，把赶工过程中有故障的部分全部修复。

精细化管控施工质量

除施工人才体系建设外，工程实施的具体流程管控也是保障质量的关键。落实严格的工程管控制度，方能保证光艺术作品的最终落地。

施工过程中，照明工程公司的管控分事前、事中、事后三个步骤。每个工程都有一位项目责任人，这位责任人从施工进场前到最后竣工验收，统领工程的实施。通常，这位负责人在项目整体运行过程中的主要工作分为三块：

（1）对整个项目安全、质量、成本、进度进行总体把控；

（2）制定考核机制，细化项目部每一个成员的职责与任务，合理分工，要求项目部稳定而高效；维持好与业主、监理、审计的关系；

（3）控项目进展的事前、事中、事后各个阶段的关键节点。

照明工程事前阶段流程管控

照明工程事前阶段流程管控，项目负责人要负责进场前考察，核对图纸与现场的区别，组织相关人员到位。另一项关键任务是保障采购和材料来源顺畅，公司采购部门必须保障整个进货渠道畅通、高效、及时，找优质厂家来定制灯具，厂家生产出来后，还要去厂家抽查，看品质怎么样，与公司的设计要求是否一致。除了项目负责人和采购之外，其他多个部门也要积极配合协调，保证工程的事前控制能做到井然有序。

| 照明工程事前阶段流程管控

人员 / 部门	具体要求
项目负责人	对项目进行进场前考察，组织技术交底会议； 核对图纸与施工现场的区别； 落实项目安全管理人员及安全细则； 处理与项目监理、业主现场管理人员、现场跟踪审计人员的商务关系及工作对接
采购	配合落实产品试样、产品购买、技术规格确认、产品交期、产品付款、产品运输、产品资料的收集等工作
设计	配合工程负责人，将光效验证落实到工程实体、确保光效必须达到设计效果
电气工程师	配合光效验证，绘制电气施工图

照明工程公司必须极重视原材料的质量管控，重视细节，避免后期故障的发生。从厂家拿货时，应尽量减少电子元器件的连接点。灯具组装连接通常采用两个插口对插，但这种连接方式很容易出故障：第一，它很容易进水，造成电路短路；第二，即便不进水，连接处的金属件时间一久就会氧化，很容易接触不良，这样在串联电路里，一整片灯都将会亮不起来。

所以，项目负责人和采购人员必须重视这些细节，尽可能让厂家直接把灯具焊好再送过来，如果厂家没有时间做，灯具到施工进场后，就需要一组6~8个灯先进行焊接，再拿去安装。这样，施工中的电路连接点才能减少，施工出现故障的概率才能降低，只有重视这些细节，才能从源头上保障施工质量。

照明工程事中阶段流程管控

照明工程事中阶段流程管控就是现场施工的管控。这也需要公司多部门齐心协力，让现场井然有序，工程安全得到绝对保障，工程质量得到严格把控，工程进度符合业主要求。

| 照明工程事中阶段流程管控

人员 / 部门	具体要求
项目负责人	做好材料申报采购、材料接收、材料保管等工作；做好施工过程中的工期、质量、安全把控；做好工程联系单签订、工程款报批、隐蔽工程影像记录、施工进度计划等工作
采购	做好原材料的及时到货和质量管控
市场服务中心	配合施工过程中的跟踪审计工作

照明工程事中阶段流程管控的要诀就是：细节决定成败。

除了灯具，施工中还要使用很多配件，诸如灯具安装槽、灯具连接线缆、供电电源、配电柜、控制器等。一些公司为了节约成本都用铁质的安装槽来固定灯具，但时间久了铁就会生锈，不仅不美观，还会降低灯的使用寿命和安全性。因此，要做精品项目，配件都应尽量用不锈钢或铝型材等不会生锈的材料。

对于施工工艺，同样要严于细节。比如工人在对灯具进行固定时，大部分公司把膨胀螺丝打进去就完了，但螺丝的缝隙可能会有水渗进去，一旦水进去，灯具的使用寿命就将大大降低。所以为了防水，在工艺上有必要在膨胀螺丝周围打一圈胶水。

这些关键步骤，都应被作为工艺要求，做制度化的执行，方能保证工程的完美落地。公司也要进行多部门的积极沟通联动，及时克服施工不利因素，保证材料供应不断货，施工质量和进度才有保障。

照明工程事后阶段流程管控

照明工程事后阶段流程管控的重点是工程竣工验收和后期维护。任何一个品牌，都非常重视成品的用户体验。对于照明工程公司，这一阶段是将成品交付业主，等待验收的关键阶段，既要保障工程的美誉度，也要保障公司的利润最大化。这一"瓜熟蒂落"的关键阶段，公司多部门更要相互紧密配合，保障工程圆满验收，应收款项顺利回笼。

▏照明工程事后阶段流程管控

人员 / 部门	具体要求
项目负责人	组织项目竣工验收、项目验收资料收集、竣工图牵头制作等
财务	工程款督促回收、外经证开具、税务办理、采购产品付款等工作
采购	与上游企业结清尾款
业务	施工后的结算审计工作，结算审计人员的商务关系协调工作
设计	负责竣工图制作

　　4.0 时代的照明工程公司，前期已为工程质量付出了极大努力，在工程后期维护方面不应存在过多的疏漏，应更加重视后期服务质量，勇于承担责任，主动寻找问题、正视问题，及早进行修复，从而提高市场各环节对企业的美誉度。

　　服务质量直接与品牌挂钩，纵观国内外知名品牌企业，都极为重视售后服务与用户反馈。这些公司的相关服务人员不厌其烦地做大量回访调查，就是因为用户产品的使用体验是公司设计、技术进行改良优化的源头，它完美构成提高公司产品质量的"闭环"。所以在 4.0 时代，照明工程公司切忌将后期维护视作企业的负担，而应作为提升工程各环节质量的"源泉"。

　　照明工程公司在做完项目后的一到两个星期，应该派专员前去巡查，检查是否有故障发生，如果有问题应及时进行反馈和维护，切不能等到业主发现问题上门投诉。越早地处理故障，就越能减少经济损失和品牌价值的损失，同时也能让业主看到工程团队的责任感和匠心。

　　公司还要将所遇到的故障分门别类、归纳整理，作为公司考核和采购的依据，也作为设计、工程团队提高水平的参照要点。后期维护人员要分辨清楚，故障是施工工艺的原因还是原材料质量的原因，如果是工艺原因，就应对相应责任人进行警告甚至处罚；如果是原材料质量的原因，就要及时反馈给采购和供应商，让供应商进行维修，提示供应商重视产品品质，采购要对这样的供应商降低评分，未来减少甚至不用他们的产品。故障原因也可能是最初设计不当导致的，这时设计师就更要反思。设计不当意味着工程从一开始就走错了"路"，即使后期亡羊补牢，也很难保证修缮后完全符合光艺术作品的要求。这类情况，是照明工程公司必须坚决避免的。

《论语》有云："君子之过也，如日月之食焉：过也，人皆见之；更也，人皆仰之。"人谁无过，关键是我们必须正视错误，正视问题，及时改正，深刻总结，避免下次再犯同样的错误，才能让失败真正成为成功之母。

标准化施工是必然趋势

规范化、标准化施工是照明工程 4.0 时代发展的必然趋势。目前，我国在照明工程领域已出台大量标准，如《城市道路照明设计标准》（CJJ 45—2015）、《城市夜景照明设计规范》（JGJ/T 163—2008）、《灯具 第2-3 部分：特殊要求 道路与街路照明灯具》（GB 7000.203—2013），在功能性照明领域，出台过《城市道路照明工程施工及验收规程》（CJJ 89—2012），也曾出台过照明工程施工员国家职业标准。

但在景观照明工程的施工领域，尤其是工艺规范上，现仍欠缺普遍的行业标准。不同公司对工人、工艺的要求不同，对工程品质的追求不同，行业内良莠不齐的现象普遍存在。但随着行业的发展，市场的优胜劣汰不可避免。最终，标准化施工也将成为必然趋势。当然，这一标准也需要整个行业在广泛调查研究、总结施工经验，吸收新技术、新材料、新工艺和新设备的基础上才能编制完成。

目前来看，照明工程的施工标准，应包括材料要求、主要机具、施工准备、工艺流程、施工工艺、成品保护、质量要求及质量记录等内容。

比如，做隐蔽工程时就要有"标准"，必须使用优质原材料，绝不能马虎了事，以次充好，在安装、封闭隐蔽工程时，需要保证其牢固且防水。隐蔽工程做完之前，必须拍摄照片存档，并将这些照片资料让施工监理签字、认证。

最终，当行业内统一遵守施工标准，就能有效减少无序竞争和低价中标，推动行业的健康快速发展。

如何保证照明工程进度

一个工程无论大小，对工程进度的控制理论其实都有相似之处。我国"两弹一星"工程元勋、著名科学家钱学森就写有一本著作《工程控制论》。这本书被翻译成多种语言，钱学森也被誉为"工程控制之父"。

钱学森之所以撰写这本书，就是因为随着现代科学技术突飞猛进的发展，科技活动日益繁杂，人们迫切需要用最短的时间，投入最少的人力和物力，有效地利用最新技术成果，以完成经济建设和国防建设等各项任务。

钱学森提到工程控制有"最优"和"最速"两个标准，他在书中说："欲使工程系统按希望的方式运行，完成预定的任务，就应该正确地选择控制方式。几乎所有的工程系统都有共同的特性，为达到同一个目标，存在着许多控制策略。不同的控制策略所付出的代价也各异，所费时间的长短，材料、人力和资金的消耗等均不相同。研究如何以最小的代价达到工程控制目的的原理和方法称为最优控制理论。寻求以最短时间达到控制目的的理论称为最速控制理论。"

最优和最速，看似是一对矛盾体，但合理的资源解决方案，却能让最优和最速同时达到。就照明工程的进度控制而言，公司非常有赖于先进、科学的资源管理方法。

先保证"最优"再求"最速"

实践中，影响施工进度的因素是多方面的，比如，业主方面决策多变，材料供应或设备供应出现延误、管理协调差，自然环境、气候环境恶劣，施工人员技术失误、工艺不当等。排除外界影响和客观因素，只有不断提高施工方案水平、施工人员技术和项目责任人的组织协调能力，才是保证照明工程进度的关键。

现在很多工程要求两三个月完工，有些时候业主给的时间甚至只有一个月。4.0 时代的照明工程企业，要打造精品工程，必须在"最优"前提下，合理调配人力资源和材料、设备资源，用较短时间完成工程。

例如，公司 2017 年的一个大厦夜景工程，我们前后仅花了 20 多天就完成了，一切有赖于各项资源的合理调配。当时，这个大厦夜景工程的各项设计、电气施工图等都已在前期做好，正好，我们当时附近城市的项目完工，还有很多可以用的库存灯具，经过我们先期的深化设计和光效验证，这一批库存灯具正好完美符合该大厦的使用要求，能达到"最优"的目的。于是公司就直接把这批灯具、线槽等原材料从几十公里外调了过去，同时也从附近城市完工的项目上，抽调了一部分人手到这个大厦项目现场继续施工。这个工程才能在短期内完成，达到了最速的目的。

科学管理是"最速"的关键

从上面的例子中我们看到，照明工程公司未来面对的项目体量会越来越大、数量会越来越多，想要提高效率、加快工程进度，除了在事前、事中、事后都有严密的管控体系之外，科学地资源调配必然成为重中之重。在这方面，钱学森很早就在《工程控制论》中用较为复杂的数学模型构建了相关体系。这些数学模型发展到如今，便逐渐演化出 MRP（物料需求计划）系统和 ERP（企业资源计划）系统，帮助企业进行管理和合理的资源调配与管理。

ERP 系统是从 MRP 系统发展而来的新一代集成化管理信息系统。它扩展了 MRP 系统的功能，其核心思想是供应链管理。它跳出了传统企业边界，从供应链范围去优化企业的资源，优化了现代企业的运行模式，反映了市场对企业合理调配资源的要求。它对于改善企业业务流程、提高企业核心竞争力具有显著作用。

公司的所有工程资源，包括原材料、设计师、电气工程师、施工队等，在未来应该纳入科学系统进行合理调配。公司应该对设计师、电气工程师、施工人员的所处位置、完工时间及时记录，应该对原材料和施工设备的数量、状态、地点及时掌握，最后通过科学的管理方法，指挥公司的所有工程力量，在"最优"的前提下，朝着"最速"的目标前进。

施工如何做好"二次经营"

4.0 时代，照明工程公司的施工除了打造光艺术作品之外，施工过程其实也是一次"二次营销"、"二次商务"的过程。施工过程中，项目负责人会遇到业主或业主指派的负责人、施工监理及审计人员。项目负责人应该与这些相关人员尽可能保持紧密沟通，与他们建立信任度。只要照明工程公司还要继续在当地拓展业务，就不可能绕过这些人，必然要依靠我们的甲方来拓展人脉，了解行业信息，获得更多的优质项目。

借助甲方建立良好品牌口碑

从项目的整体施工到后期维护，都是照明工程公司在现场直观地向业主展示公司施工实力和责任心的时刻，是公司对先期宣导工作的兑现，是向他们展现光艺术作品魅力、赢得口碑的最佳时机。

公司要向业主展示，我们对施工材料的进场审核的严格把控；为了施工质量，我们要做很多少次深化设计和光效验证；我们还要不失时机地向他们展示我们的规范、我们的理念。只有我们亲手做出精品工程，才能培养业主对光艺术作品有更直观的理解。

4.0 时代，照明工程公司绝不能做"一锤子"买卖。我们希望将企业营销做成一张不断向外膨胀的"大饼"：让业主、施工监理、审计人员在整个施工过程中不断加深对公司的信任，对光艺术作品有身临其境的认识。随着信任的不断加深，慢慢就会让业主形成对公司的"依赖"，当甲方再需要做景观照明工程时，他们在第一时间就会想到我们，当他们的朋友有类似需求时，他们就会推荐我们。如此循环、扩散，公司就能不断赢得在当地更大的市场。

潜力永远与危机并存

目前，我国对光艺术作品的需求仍非常巨大，不少城市的景观照明提升，每三到五年就要做一回，行业前景非常光明。

但潜力永远与危机并存，对 4.0 时代的照明工程公司而言，我们不能只站在品牌营销的角度看问题，一定要守住工程安全、工程质量的生命线。任何一个行业，质量是根本，营销是手段，只有"两头都要抓，两头都要硬"，才能构筑良性的行业氛围。

2018 年年底，最轰动的新闻事件莫过于天津权健的丑闻。当时，权健集团被自媒体爆出涉嫌虚假宣传、传销等诸多问题，引起社会广泛关注。事件随即引起多部委成立联合调查组，进驻权健集团展开核查。

2018 年 12 月 28 日，天津市副市长、联合调查组组长康义表示，经过初步核查，权健集团部分产品存在夸大宣传问题。2019 年 1 月 1 日，公安机关对权健涉嫌传销和虚假广告犯罪立案侦查；1 月 7 日，权健自然医学科技发展有限公司实际控制人束昱辉等 18 名犯罪嫌疑人被依法刑事拘留。

与 10 年前的"三鹿"事件如出一辙，两家拥有巨大品牌价值的企业，因为忽视安全、忽视质量，在被媒体爆出丑闻后均轰然倒地。因此 4.0 时代，照明工程公司切不可"只讲面子，不要里子"，一定要有底线意识，有对工程质量的追求。营销绝不是搞关系，而是把好产品卖给信得过的人。

08

财务和采购的全流程管控

在照明工程 4.0 时代，企业先要值钱，后谈赚钱。为业主、为社会打造高端化、差异化的光艺术作品，是照明工程公司的前提和初心；在此前提之下，为投资者和公司创造利润，为员工提高收入则是企业经营的结果。

想达成这一良性的结果，照明工程公司必然要建立一套符合我国现行法律规定，严密、科学的财务管理体系，以保障公司的财务管理工作正常开展。在照明工程公司，财务管理的目标就是实现利润最大化、企业财富最大化、资产利用率最大化、社会责任最大化。

财务管理又具体分为资本筹集管理、投资管理、营运资金管理、利润分配管理四部分，主要工作有以下几点：建立和完善财务预算、工程预算及成本管理体系；健全并制定公司人员的考核体系；募集和合理使用资金并提高使用效率、保障资金合理周转；有效利用公司的各项资产，努力提高经济效益；真实、完整地提供财务会计信息。

其中，建立工程预算和成本管理体系尤为重要，财务要成为公司的"警报器"，在各部门、各环节中进行财务监督，保障现金流，使企业资金及时周转，避免财务风险。

一张漂亮的财务报表，对投资人、公司员工、甲方业主、上游企业都有很强的信心提振功能，这离不开公司财务部门从源头开始进行的全流程管控。

财务是每个项目的"警报器"

无论任何时代，工程都是公司创造利润的主要途径，每个项目都是公司整体业绩的小单元，保障着公司预期利润的实现，这就需要让财务成为每个项目的"警报器"。提高这个"警报器"的敏感度，是照明工程公司财务工作的重点。

财务不只是你的"钱袋子"

很多照明工程公司说起财务部门，通常就是催收工程款、制定会计报表、发工资、发奖金等常规事项，这部分工作处于公司流程管理的末端，是工程已经发生后再进行的工作。这样的财务管理理念，单纯地将财务变成了一个被动的服务、后勤部门，只作为老板的"钱袋子"存在，财务部门对公司的业务开展、风险管控没有主观能动性。

然而，照明工程公司一直是劳动密集型企业，时时刻刻都存在财务风险。比如，劳务人员的工资占公司成本的很大一块，每个工程，除了牵涉到上游企业的采购和付款、业主的工程回款、银行或其他来源的借款，还牵涉到成千上万名农民工的切身利益。一旦出现欠薪事件，照明工程公司不但会受到劳动监察部门的惩处，导致在建工程进度放缓，更会造成公司品牌形象的严重贬值；另外，照明工程公司若长期拖欠上游企业的采购款，也会让公司商誉在上游企业中大打折扣。在照明工程公司，一系列因为财务管理混乱造成的负面影响，很有可能会在短时间集中爆发，成为"压死骆驼的最后一根稻草"。

浙江温州是民营企业重镇。相关新闻报道显示，2012 年，温州瓯海区的 80 件破产案件中，仅 1 件为国有企业案件，其余均为民营企业案件。瓯海区法院称，这些破产案件不仅数量众多，处置难度也相对较大。破产企业普遍存在财务管理混乱、管理人员疏于履行经营职责等问题。企业破产的原因，很多时候和企业主将财务部门视作自己的"钱袋子"有关。

照明工程公司财务管理混乱往往会造成连锁反应——资金链紧张，拖欠上游企业账款，拖欠劳务费用，引发官司，企业主变成失信被执行人（老赖），之后银行断贷，最终企业资不抵债，宣告破产。一系列问题追溯到源头，就是公司忽视财务的全流程管控，在工程业务中对业主的经济状况没有了解，形成"三角债"、"四角债"，甚至成为坏账。因此，照明工程公司一旦忽视财务管理，必将严重制约其业务发展。

财务管理要贯穿全流程

在 4.0 时代，照明工程公司的财务部门，最重要的功能是对业务进行监督和管理，财务务必贯穿于整个公司的经营体系。

┃4.0 时代照明工程公司财务的全流程管控

不同阶段	管控要点
项目营造阶段	考察业主财务状况、当地劳务成本状况，呈报公司决策人，进行成本核算和主材品牌报备，确定项目总投资估算和初步报价，并积极筹措资本和资源
合同签约阶段	报价并配合业主询价，配合公司和业主商讨、签订合同的相应细节，必须保障目标利润，并尽可能使工程运作时公司获得更多的现金流支持
工程施工阶段	设立主材、人力成本警报线，触及警报线的呈报公司决策层，配合项目负责人与业主签订工程联系单
工程验收阶段	配合审计工作，制作各项会计报表请业主确认，催收工程款，同时支付上游企业的货款、人员工资和其他各项工程开支

在项目的前期开拓阶段，公司财务就要对工程所在地及业主方的财务状况有准确的前期评估。我们要通过各方面了解业主的财务状况是否符合公司的整体要求，比如：业主是什么性质的单位；已往是否存在拖欠乙方工程款、故意推迟验收的行为；如果业主是地方政府，他们的财政收入状况如何，是否存在超水平、举债建设的情况等。此外，财务还要对当地的劳务用工成本有相应的研判。这些内容将成为重要参考，由财务整理上会，成为公司决策者决定该项目是否立项的关键依据。财务部门对公司精选项目起到重要作用，在立项前先了解业主的财政状况，会直接关系到后续回款是否及时，以及整个项目的利润是否有保证。

之后，如果公司对项目有意向，公司的采购人员就要配合设计部门对材料进行成本核算和主材品牌报备，财务再根据当时当地的人力成本、价格等因素，对项目进行总投资估算，设立合理的利润值，方便公司制定最后的报价。

随着企业实力和品牌影响力与日俱增，照明工程公司与业主在合同的商定中逐渐占据主动，拥有了更多的谈判空间。在双方充分信任、平等沟通的前提下，财务部门要配合公司和业主商讨、确定合同的相应细节，尽可能使工程运作时公司获得更多的现金流支持。比如，照明工程公司支付的履约保证金一般为总价的6%～10%，但若项目还在前期时，因为甲乙双方已经建立了充分信任，照明工程公司早已启动施工，我们就可以跟业主商讨，不设履约保证金，理由是合同签订完成时我方已完成或即将完成施工。对于业主支付的项目预付款，我们可以根据项目的实际情况，尽量多争取，当然这一切都要以双方互相信任为前提。

当项目拿下以后，就到了事中管理阶段，财务主要通过公司的各项流程、制度对工程实际发生的成本进行管控。企业前期做预算时，会把工程的利润值留出来，事中阶段所有的财务管控，都是以实现预期工程利润为目标。比如，公司对上游灯具、配件的成本会有警报线；对劳务人员的工资价格会有警报线。一旦触及警报线，财务就会要求采购部门、成本部门、项目负责人提供合理解释，并向公司决策人汇报。财务要在施工过程中进行内部监督，以防各类超预算事件的发生，严控成本。

公司决策人要充分重视财务部门的警报。如果决策人觉得项目中某项成本超出预算太多，就有必要及时叫停在建工程，查明成本畸高的原因，经过公司进一步商讨，和业主协商，在保障品质的前提下，集体研判工程是否有恢复重启的可能性。比如，某地劳务成本忽然增加，这时就要研判原因，并同业主商讨具体解决方案，比如更换另一品牌同品质的灯具等。

事中阶段财务的另一项任务，是配合项目负责人和业主签订工程联系单。很多时候，工程的最终结算价格可能比合同报价高，这通常是施工中增加新工程量的原因。任何工程的工程量不是靠看图纸就能算得一清二楚的，要达到预期效果，在必要时只能增加施工，如果签订的不是总价合同，就要及时跟业主去签工程联系单，保障增加工程量的收益。

到了事后阶段，财务的任务就是制作工程的各项会计报表请业主确认，催收工程款，同时支付上游企业的货款、人员工资和其他各项工程开支。事后阶段体现的是公司的商业信誉，一切都必须在法律框架下，按合同条款办事。

工程管控中的财务管理工作必须把事情做在前头，绝不能到后期亡羊补牢。只有公司前期进行积极的财务管理，进行各项成本的合理把控与监督，方能保证每一个项目的利润，最终促进公司的良性发展。

另外，4.0 时代照明工程公司的财务部门也要配合企业制定更有效的员工激励和奖惩机制。企业的发展没有天花板，员工的收入同样没有天花板，如何科学分配利润，留住优秀的员工，也需要财务、人事部门制定科学的薪酬考核体系及股权分配制度。

采购的全流程管控

与财务部门所处的位置一样，很多照明工程企业也把采购设定为公司的后勤部门，采购只起到配合工程完工的作用，采购人员缺乏主观能动性，而一旦公司财务管理混乱，采购又是极可能滋生腐败的部门。照明工程 4.0 时代，要求照明工程公司采用现代化的管理，采购必须进入公司全流程管控体系之中，因为上游产品的质量与工程品质息息相关，所以采购是实现光艺术作品落地的核心部门之一。

采购要在事前、事中、事后全程参与。

事前阶段的采购管控

在前期，采购要配合设计部门，针对项目的个性化要求和效果需求，找合适的产品供应商，向供应商提供相关的产品参数。但采购要牢记，不同品牌即使参数一样的灯具，效果也未必一样，必要时，采购要拿实际样品回来给设计师进行光效验证，看质感、看效果，然后再确定参数。

采购的事前介入有几大好处。第一，产品能不能满足设计要求，设计的效果能不能实现，采购能让设计师心中更有底；第二，能尽早做深化设计和光效验证，避免项目在未来实施过程中，出现产品达不到效果而更换参数的情况；第三，因为前期已经大致确定了合适的供应商，采购在对供应商的付款方式、产品特点、服务配合等方面都能有所准备。

灯具供应商同样有市场定位，经验丰富的采购没必要等到项目确定了，才去选择供应商，因为通常根据项目的层次，业主就会要求选什么样品牌的灯具，比如，财务状况健康、项目又是城市地标性建筑的业主，通常就会选择一线品牌的灯具。采购通过对项目的判断，就可以在前期进行供应商匹配，等到后期项目实施时，就能提供几个供应商让业主选择。而业主即使有指定的供应商，基本也是在采购前期匹配的名单之中，这样，采购效率就大大提高，不需要再费劲地与上游企业进行商务谈判，也给企业留足了生产时间，有效保障施工时灯具的及时供应。

采购前期管控的关键是供应商数据库的管理。采购在事前必须落实产品品牌报备，并给出产品成本单价，这样就能配合财务部门向业主报价，同时配合业主询价。

深化设计阶段的采购管控

到了深化设计和光效验证阶段，经过设计师的确认，采购必须落实采买现场光效样板展示的所需产品，并负责这些原材料的质量，确保及时到货。

通常为了光艺术美学的原创要求，4.0 时代的照明工程公司所使用的灯具大部分是定制产品，采购应该要求上游企业委派技术人员到现场进行配合，共同商讨确定所需产品的定制样式和各项参数。同时，采购要根据招标文件要求的内容，对上游产品的成本进行最终询价，与上游企业签订采买合同，确定送货时间和双方权责，并报给公司财务做工程预算，以便从源头上控制成本，保障利润。

在灯具品质管控方面，首先，原材料的品牌就确定了灯具品质；其次，公司必须在采购合同条款上规定，原材料到货时，公司要对产品进行评审鉴定；最后，应要求上游企业提供灯具的质保期，如果实际使用时灯具出现问题，供应商要负责相应的维修或更换。

工程实施阶段的采购管控

到了工程实施阶段，采购的任务就是全力负责原材料的质量，确保及时到货，从而保障工程进度不受影响。

灯具是易碎品，在运输、安装的过程中，难免会出现损耗，加之现在运输成本增高，所以在采购时务必在数量上留有余地，如果原材料不够就要重复运输，这将不仅会拖慢工程进度，还会增加施工的人力成本和运输成本。

| 4.0 时代照明工程公司采购的全流程管控

不同阶段	管控要点
项目营造阶段	做好供应商数据库的管理工作，针对项目的个性化要求和效果需求，寻找合适的原材料供应商
深化设计阶段	根据设计需求，与上游企业确定所需定制产品的参数，并进行最后询价，以方便财务进行成本估算
合同签订阶段	确定采购价格，配合财务做项目预算，与上游企业签订采买合同，约定送货时间和品质要求
工程实施阶段	积极配合其他部门，负责工程各项原材料的质量，确保及时到货

照明工程 4.0 时代，照明工程公司采购部门不仅要做好"后勤大队长"的角色，更要熟悉市场动态，积极与上游企业联动，主动向公司的各项决策提供建设性意见。

与上游企业共创优质作品

财务管理的关键是严控成本，但采购绝不能为了达到公司设置的利润值漫天砍价。照明工程 4.0 时代，照明工程公司对上游企业通常占据了更高的主导权，但并不意味着可以无限地向上游企业压价。我曾经做过上游企业，深刻地理解 LED 产业的无序竞争导致低质低价，如果产业链的上游企业利润无法保障，那它们生产的产品必然是粗制滥造的，照明工程公司的光艺术作品就失去了质量保障，整个行业也会因此陷入泥潭。照明工程 4.0 时代，照明工程公司要与上游企业共同进退，结成利益共同体，共同打造有品质保障的光艺术作品。

采购必须以品质为导向

照明工程 4.0 时代，照明工程公司的采购应以品质为导向，要先确保符合项目要求的产品品质，之后再考虑价格，这应该是照明工程公司对采购的基本要求。

任何产业，上游企业的产品品质都直接决定了下游企业出品的好坏。上一章提到的三聚氰胺事件，其实，导致"三鹿"破产倒闭的一大原因，就出在其采购环节上。

作为与人们生活饮食息息相关的乳制品企业，本应加强上游的奶源建设，充分保证原奶质量。然而，"三鹿"却将大部分资源聚焦到了原奶数量的供应上，牺牲了原奶的品质把控。

三鹿集团"奶牛 + 农户"的饲养管理模式在执行中存在重大风险，散户的奶源比例占到一半，且形式多样，根本无法监管。因此"三鹿"要想对数百个奶站在原奶生产、收购、运输环节进行实时监控，几乎是无法实现的任务。要评估采购质量，只能在最后对原奶蛋白质含量等关键指标进行检测。

但如此一来，舞弊情况就层出不穷了。劣质的原奶往往蛋白质含量不足，而三聚氰胺当时被不法之徒称为"蛋白精"，只要在牛奶中加入三聚氰胺，检测牛奶蛋白质含量时，数据就会大大提升。加之企业负责奶源采购的工作人员往往被奶站贿赂，而"三鹿"当时又极其"缺奶"，不合格的奶制品就这样在商业腐败中流向市场。

不合格的原奶导致不合格的产品，最终让"三鹿"破产、国产奶业信誉扫地，正是他们在采购上游产品时疏于管理，只关注价格，不以产品品质为第一导向所导致的。作为当时国内最大的乳品企业，"三鹿"彼时正醉心于产能扩张，在采购时拥有绝对的定价权，因此不断压榨上游，而上游奶农为了生存，便开始往牛奶中兑水、加三聚氰胺，最终让全产业链崩盘。

照明行业来到 4.0 时代，对于上游企业来说，照明工程公司确实拥有更强的议价主动权，但我们绝不能因此"竭泽而渔"，采购在任何时刻都要以品质为先，充分保证照明工程公司的合理利润。如今，工程中越来越多地使用定制化灯具，厂家开模、制造这些特型灯具，都会产生更高的成本，因此定制灯具的价格也明显高于标准品。显然，无论是照明工程公司还是业主，如果再用普通标准品的价格来要求上游厂家就不那么合理了。产业上、下游的和谐发展，是造就精品工程的重要保障。

与供应商形成命运共同体

在采购方面，照明工程公司要与供应商成为"利益共同体和命运共同体"。照明工程公司与供应商是共生死、同进退的关系，两者的共同目标就是一起把业主服务好。

照明工程公司与供应商的合作应是共赢的，不能把两者的关系对立起来——我要多赚利润，就要让你无利可图，把你的利润套到我的口袋里来。在 4.0 时代，照明工程公司建立并加强与供应商之间的信任无比重要，照明工程公司应该明确保障上游企业的利润，在整个工程营造中多沟通、多协商。由此，照明工程公司才能与供应商之间形成良性循环，也可以与供应商协商更好的服务方式、付款方式和送货时间。

照明工程的精美程度与供应商的贡献密切相关。照明工程公司要想把工程做好做精，就要跟供应商抱成团，让供应商积极参与灯具设计，供应商有利润，生产积极性和主观能动性都会大大提高，有些时候，他们甚至会主动来帮照明工程公司想办法，解决工程中出现的难题。

我们曾经有一个项目，业主要求一定要把建筑的玻璃幕墙洗亮。那么，难题就来了，玻璃能洗亮吗？玻璃可是透光不着光的。后来，我们和供应商商量出一个办法，将灯光的控制系统跟屋内的卷帘控制系统同步，夜晚来临时，大楼里的卷帘放了下来，灯光透过玻璃打在窗帘上，就达到了洗亮玻璃幕墙的效果。这个难题，就是和供应商一起攻克的。

我们与合作伙伴的每一场合作，其实都是"交谈→交心→交易"的递进关系，少一点算计之心，多一些赤诚之心，就能促成真正的合作、真正的共赢。

保证工程审计的合理性

工程审计直接关乎照明工程公司预期利润的实现。依据《中华人民共和国审计法》（简称《审计法》）等相关规定，审计人员对工程概、预算在执行中是否超支，有无隐匿资金、私分基建投资等违纪行为要进行监督，具体到工程领域，主要包括工程造价审计和竣工财务决算审计两大类型。一旦工程审计出现大问题，就意味着照明工程公司的利润无法实现，甚至亏损。

按国家规定，有政府性投资的建设项目，一律要进行工程审计。即所有行政、事业单位的建设项目都要经过造价审计和财务决算审计。另外，非政府性投资的建设项目，规模较大而且涉及的利害关系人较多的，也必须进行工程造价审计。因此，照明工程4.0时代，审计几乎是照明工程公司绕不开的环节。然而，审计又是不少工程公司最头疼的环节。

《审计法》要求审计人员的独立性应得到充分的保障，与被审计单位应不存在任何经济联系，审计人员通常由会计师事务所的注册会计师担纲，也是业主请来的第三方，审计的服务费用由业主提供。但在实操过程中，这样的独立性却难以得到保障。往往业主支付给会计师事务所的服务费用，就是会计师从工程中审计下来的那部分"不合理"的费用，这就变相使得审计和照明工程公司存在了利益冲突。

通常，审计单位与业主按结算造价的比例支付审计费用，假如有超出审核造价的部分，还要按一定比例（有时是5%）由施工方支付审计费。比如，一个送审1000万元的项目，业主和审计单位约定按2%支付审计费，如果审核后价格是960万元，因为1000/960-1=0.0417，没超出5%，审计单位只能拿到 1000 万元的 2%，也就是 20 万元；但如果审核后最终造价是 800 万元，比例超过了 5%，照明工程公司就要另付 8 万元，审计就是 28 万元。就这样，照明工程公司原先送审 1000 万元的项目，到最后拿到手变成了 792 万元，造成巨大的损失。

如果照明工程公司长期掣肘于审计价格，必然让工程收益大受影响，也难有追求光艺术作品的理想。因此，通过合法合规的方式保障工程中审计价格的合理性，是极具实操意义的。

要保障审计的合理性，我们通常的做法有以下几条：

（1）公司要求早在招标制定阶段，业务部门就要与业主指定的预算审计部门沟通，确保预算价格或产品单价达到公司预期。

（2）在与业主方做完了沟通工作，确定采购灯具和控制系统的主要品牌后，我们就要与审计部门沟通，最好能在签订合同之前就确定审定价格。本质上，确定了主材的价格，工程造价审计的环节就不会出岔子。要在审计上防范风险，必须在设计时就把参数定好，采购时尽快去把价格定好，不要出现变动。如果前期设计考虑不周全，后面项目部发现达不到效果，要换另外一种材料，那就会有结算风险。因此，加强深化设计能力，尽早与审计沟通，是我们保障收益的重要一环。

（3）在项目施工过程中，我们要紧密对接审计工作，处理突发状况，确保业主对公司的信任度。施工过程中，会有很多不可控因素，比如人力资源、原材料价格的剧烈上升，到工程现场后，发现有很多工程增量需要业主签工程联系单等。这些情况都需要保留证据、保留照片；隐蔽工程拍照留底，以便审计后期查看。

（4）项目竣工验收时，项目负责人要配合审计单位提供各种资料、数据；项目现场工程量核实，联系单核实；组织完成各项造价（含合同价、结算价）的确定工作，对造价工作先完成部门内的终审，在审计询问时能够有的放矢；做好审计单位人员的协调工作，督促审计快速完成，以确保审计结果可控。

（5）提高项目资料归档意识和管理能力。目前很多工程是在合同尚未签订的前提下，基于甲乙双方充分信任，照明工程公司提前进场施工，这时现场的监理和审计人员并不一定到位，所以当照明工程公司的材料进场时，项目责任人就必须进行归档和管理，以避免后期审计时出现麻烦。

当然，要推进整个行业大环境的审计合理性，不是施工单位能力所及，需要多方共同的努力。我们只能从行业的角度，去推进审计合理性的进程。照明工程公司目前的困境在于：业主和设计只提质量要求，审计只提价格要求，这两个部分互相脱节，各管各的，很难找到一个平衡点。于是，很多照明工程公司便困惑了：到底是保质量还是保成本？保质量，到时候审计不认可我的价格；保价格，到时候业主又不认可我的质量。

审计的时候，只要前期没确定好价格，就会给后面留下审计风险。因此，在这样的审计环境下，更逼着我们照明工程公司去精准化营造，通过优选项目来解决困境。我们优选项目，必须对业主有初步判断——业主必须与公司理念一致，同时对项目的把控力、质量要求很有决心，这样的项目才是我们的目标。

09

自律到底是律什么

照明行业发展到 4.0 时代，正是危险与机遇并存之时。一方面，大型主题城市灯光秀、文旅夜游方兴未艾，人民群众迫切的精神文化需求，让光艺术作品的内容与形式异彩纷呈，璀璨的灯火点亮了整个中国城市的夜空。另一方面，随着 5G 时代的到来，照明行业又将迎来万亿级的智慧照明市场。如果行业能够良性自律、健康发展，那么照明行业将会产生更大的社会价值、经济价值和环境价值。

然而，行业的风险又无时无刻不在警示着照明人。照明行业在高速的发展过程中一系列问题突显，如：忽视生态环境（缺乏光污染控制、破坏生态环境、浪费能源）、同质化严重（千篇一律的形式、缺乏文化底蕴、带来审美疲劳）、超水平建设（盲目追求奢华、缺乏科学组织、重建设轻维护）等。

在照明工程 4.0 时代，人民群众对于景观照明的关注度达到了前所未有的高峰，这些问题一旦爆发，就很有可能掩盖灯光的巨大价值，对行业造成严重的负面影响。

只要这个世界有黑夜，照明就是人类的刚需，但照明行业绝不能丧失自律。奶粉同样是人类的刚需，但由于丧失了自律，国产奶粉企业至今没有抬起头来，可见行业丧失自律的后果有多严重。

打铁还需自身硬

行业自律，要求照明工程公司树立正确的理念，遵守商业规则，提升自身硬实力，保障工程品质。当行业内大部分的工程企业都能达到这样的自律，行业就能形成自我净化、自我提升的良性循环。

关系营销难持续，修炼内功是正道

以往，大部分照明工程公司到底凭什么拿项目？很不幸，答案通常是两条：第一是关系，第二是低价。有的照明工程公司觉得这个项目能做，是因为其在当地拥有深厚的人脉关系，熟悉当地的招投标环境。但现在，一方面越来越严的政治、司法环境，让"关系"的运作空间越来越小；另一方面，照明工程的艺术、科技含量在不断提升，照明工程公司没有足够的硬实力，做出"豆腐渣"工程，就会导致业主、工程方双输的局面。

"打铁还需自身硬"，照明工程公司必须摒弃"拼关系"的想法。不可否认，关系非常重要，但关系只应成为照明工程公司和业主之间的"润滑剂"，照明工程公司必须避免和业主发生私人利益上的关系。

企业有两件事情绝不能做——偷税漏税和行贿。我在创办公司伊始，就制定了一条"铁律"，公司所有的业务经理，绝不能与业主有私下金钱上的交易。这条红线一旦跨过去，不仅会要了企业的"命"，也会要了业主的"命"。

只想着"拼关系"的照明工程公司，不可控因素极多，难有大前途。没有任何一家公司能以"关系"为核心竞争力，保持公司的长期稳定的发展。很多所谓"硬"的私人关系，往往只存在一县、一市；只看重关系，不重视质量，做出劣质工程，还会引发问责，严重的甚至影响到业主和照明工程公司自身的发展。

正因如此，我们只做业主"公需求"强的项目。我们对业主进行宣导，是要从艺术、技术等方面展现企业硬实力，从项目价值、环境效益、社会评价等方面进行引导。我们可以通过与业主熟悉的"居间人"，作为我们沟通的桥梁，但"公"和"私"必须界限清晰。

一个照明工程公司要发展，关系固然重要，但关系营销终究只能作为敲门砖，不重视"内功"的修炼，拼到最后也只是一身"三脚猫功夫"。照明工程公司只有把"修身"作为重点，把重心放在设计方案、施工质量、最终效果上来，不断打造自己的核心竞争力，才能在激烈的竞争中立于不败之地。

拒绝低价竞争，营造健康生态

还有一些照明工程公司非常热衷于"广撒网、拼低价"的策略。他们只要有项目就去投、去抢，先把项目抢下来再说。但行业中，有些公司虽然通过广撒网获得了一些项目，却又大量出现了项目照明工程款催收难，形成坏账的情况。为什么？是业主真的没钱给吗？更多时候，是因为照明工程公司拼低价，为了获取项目利润，不得不粗制滥造，最后甲方验收工程不合格，对质量不满意，自然就造成了回款难。

很多行业都存在低价竞争的现象，但无一例外，都对行业发展造成了严重的恶果。大家都知道，广东的荔枝很有名。早在 20 世纪 80 年代，荔枝就行销大江南北，当时城镇居民的收入一个月才四五十元，但一斤荔枝却可以卖到 5～10 元，整个荔枝产业欣欣向荣。

但三四十年过去后，我们到市场上一逛，荔枝还是这个价格。除去供大于求的因素，另一个关键原因就是，荔农依然采取最原始的方式售卖荔枝——每到荔枝上市，他们便"千军万马跑市场"，你卖 8 元，我就卖 6 元，最后价格越卖越低。荔枝销售一直缺乏品牌营销理念，至今没有一个在全国叫得响的品牌，一些地方品牌忽视产品质量，无法保证交付标准，最终导致品牌做不起来。广东省荔枝产业协会的资料显示，将近 10 年，荔枝年年丰收，果农却年年歉收，宁可让荔枝烂在地里，也不愿意拿出去卖。2018 年，广东已经有 1/3 的荔枝田抛荒。

和广东的荔农一样，执着低价的照明工程公司常常会陷入疲于奔命的窘境，因为做低价，公司核心竞争力提不上，品牌打不响，靠低价硬接工程，要么低质，要么不产生利润，让公司的发展陷于停滞。这样的公司多了，甚至可能拖垮行业。

在照明工程行业，低价竞争引发的最大问题就是工程回款难。很多照明工程公司的老板都会反映这个问题，但原因究竟是什么，恐怕许多人还没有想明白。有一次，一位照明工程公司的董事长向我抱怨，公司有好几个项目的钱收不回来。我的一席话，让他很受触动。我说："到底是业主有钱不给你，还是业主没钱不给你，你们自己有没有搞清楚？很多时候，业主有钱不给，是因为无法走完相关验收程序，才拿不到钱。"

这位董事长就向我吐出了内情。他们去竞标一个项目，政府招标文件的预估价比较高，但公司的业务员为了拿到项目，以低于预估价一半的价格将项目拿到手。低价竞来的项目，公司也要产生效益，于是他们就只能从采购、施工成本上省，最后做出来的东西一塌糊涂，和设计效果大相径庭。业主一看，一分钱都不愿付，还要打官司，这样的工程款肯定收不回来。此外，公司还有履约保证金放在那里，最后可能连保证金都收不回，质保金就更是不用想了。

行业里，低价竞争导致恶果的例子比比皆是。原本的预估报价可以合理地保障一个工程的质量和工程公司的利润，为什么要拿低于预估价一半的价格来竞标呢？这些照明工程公司的低价竞争行为，从实质上破坏了正常的行业生态链，既让想做精品工程的公司无法获得项目，也让自己的公司在实施项目及完成项目后，背上沉重的负担。由此可见，公司靠低价承担的项目越多，对公司的发展就越不利，对行业的发展也会造成严重的负面影响。

相信谁也不愿看到广东荔枝行业的今天变成照明行业的明天。因此，照明工程公司首先应从理念上转变过来，不断积累、沉淀，找准发展方向，努力提升照明工程公司的实力，打造公司品牌，做出优质工程、精品工程。只有绝大部分公司都朝着精品工程努力，才能最终促进行业的健康发展。

保证品质从精选项目开始

目前来看，制约行业良性发展的重要因素是低价、无序的竞争。它的恶果就将导致照明工程公司无限降低成本，让项目品质无从保障。无限降低成本是极为鼠目寸光的做法，如果大量劣质照明工程出现，其结果必然是行业饱受诟病、劳民伤财、行业投资萎缩乃至遭遇灭顶之灾。

毫无疑问，保证工程品质比无限降低成本更有价值。很多 2.0、3.0 时代的照明工程公司，项目做出来大都比较粗糙，灯光达不到设计效果，灯具只装了一两年，大部分就坏了，出现灯具老旧、生锈脱落等情况。究其原因，就是这些公司在低价竞争后，要保障工程利润，把看起来不产生效益的"光效验证"环节砍掉了，在施工工艺上，简单连接而不焊接，造成大量的故障隐患；材料采购时，以次充好；做隐蔽工程，抱侥幸心理。这必然导致项目品质难保证。

所以，我提倡行业自律，关键就是大家要戒浮躁、不做低价竞争，提高工程品质和企业美誉度。每个公司都讲成本管控。但我们的钱，要省在因为科技创新、工程效率、管理提升带来的更低劳动成本上，而不是省在采购或工程工艺上。

当一个照明工程公司发现自己做多错多的时候，就有必要好好"静以修身"。照明工程公司的初期要发展，必须找到合适自己的项目，组建合适的团队，打造符合定位的品牌，这都需要我们静下心来，好好自省，而不是盲目跟风。保障工程品质，必然先以精选项目开始。

我创办公司的前两年，几乎没有接一个项目，全是在对项目进行精选和跟进，对自己的"内功"进行修炼，到了第三年，我投 7 个标就中 7 个标，直到如今，公司的中标率能达到 70% 以上。精选项目大大提高了企业的运转效率：在设计阶段，设计师将有足够的时间做精品项目的设计，而不是为了要投数百个标，简单复制、疲于奔命；在深化设计、光效验证领域，设计师和工程团队就能有足够的时间精益求精；施工实施阶段，采购、财务、设计等各方资源，才能有足够的时间和精力，完美配合做出精品工程。

精选项目能够从源头上让照明工程公司的运作体系进入良性循环，让公司发展进入快车道。

找准定位"静以修身"

一个伟人的成长，是修身、齐家、治国、平天下的过程。照明行业要发展壮大，同样也要先"修身"，除了精选项目，更为关键的是提升自身硬实力。

何为公司硬实力？关键就是公司的核心理念、核心品牌、核心竞争力。打铁还需自身硬，有了核心理念和竞争力，照明企业面对进入井喷式发展的行业环境，才能找准自己的市场定位。未来的照明工程市场必然会进一步细分，无论是上游企业还是工程公司，"修身"的首要原则就是认清自我，结合自身的特点和优势，找准细分市场的定位，做精做强，使之成为公司的"拳头"，之后在"拳头"产品的带动下，逐步扩展业务，占领新的细分市场。

世界上任何商业巨头的产生，都起于在单个细分市场做精、做强。远的不说，浙江萧山的万向集团就是很好的例子。万向集团的前身是萧山农机厂，鲁冠球成为厂长后，先瞄准了汽车工业中一个极小的细分市场——汽车万向节。他就把万向节的质量做到极致，同时亲自跑市场、做营销、做品牌，最终他的万向节打败了国内绝大部分的竞争者，成为美国通用公司、福特公司的指定供应商。做完了万向节，鲁冠球向其他汽车细分市场进军，奠定了中国汽车零部件行业龙头地位。1994 年，鲁冠球带领集团核心企业万向钱潮股份公司上市，2001 年 8 月 28 日，鲁冠球一举收购了纳斯达克的上市公司 UAL，开启了海外并购之路。之后，万向集团又向清洁能源、整车制造、现代农业、金融服务等诸多领域进军，2011 年，万向系已拥有 11 张金融牌照，参股银行 6 家、上市公司 11 家，成为名副其实的资本大鳄。2019 年，这家企业定下的目标是日创利润和员工最高年收入都要达到 1 亿元，这几乎是惊为天人的数字。归结万向集团成功的源头，就是企业看准细分市场的机会，做好拳头产品，努力成为细分市场的第一品牌。

因此，对于刚刚开始起步或业务陷于停滞的照明工程公司，不妨停一停，"静以修身"，好好思考细分市场的机会，认真塑造公司的理念和品牌，提高公司的硬实力。"强筋健骨"之后，公司才能厚积薄发，把握更好的发展机遇。机会都是留给有准备的人，我们在起步时，定位为做高端差异化的光艺术作品，就是因为相信高端光艺术作品这个细分领域是有前途的，只要能坚持这个定位将作品做好，一定会有巨大的发展空间。

未来，随着科技的不断提升、资本的不断涌入，照明工程行业还将迭代出 5.0 时代、6.0 时代，引发出新的产业模式，这都将成为照明人发展壮大的好机会。鲁冠球有一句名言："一天做一件实事，一月做一件新事，一年做一件大事，一生做一件有意义的事。"无论任何时候，专注、勤勉、踏实、有目标，都是企业家成功的基础。

遵循商业规则，避免无序竞争

一个照明工程公司，如果只想靠关系立身、靠低价立身，就永远不可能成为行业内的一流企业。照明工程行业发展到这个阶段，已经逐渐建立起了自己的一套"游戏规则"，很多大型城市灯光秀都是几百栋群楼一起联动，2019 年春节，广州、福州、深圳、北京等地的灯光秀，纷纷登上央视《新闻联播》。灯光秀已经成为城市名片的代名词。同时我们又迎来了 5G 时代，如今照明工程的科技含量、施工难度、业主对品质的要求都已和过去不可同日而语。

在这样的行业形势下，整个产业链的所有管理者都不应存有侥幸心理，要时刻准备适应剧烈变化的新行业环境，遵循商业规则，不做低价竞争、无序竞争，应该相互合作，促进行业的发展。

招投标应以价值为导向

照明工程上游企业相互之间，应始终保持"竞合"的关系，遵守商业规则，在技术和实力上展开竞争；而不是做价格竞争、材料竞争，最后让同行和自己都陷入困境，导致工程的原材料在品质上无从保障。首先，在工程项目的招投标上就应该遵循商业规则，以价值为导向。

照明工程公司在参与投标时应了解项目和自身的匹配度，避免低价竞争。不可否认，我国招投标的相关法规政策确实存在变相鼓励低价中标，我一直呼吁要进行相应的调整。一个项目到底要花多少钱才能干好，其实照明工程公司和业主都心里有底，但在竞标的时候，还是会冒出一个离谱的最低价来。按照我国的招投标法，一个项目的评标委员会要评每家方案的技术分、商务分等分值，商务分还占比很高，在实操的时候，技术分往往拉不开差距，于是最低价就帮助这家公司在商务分上完胜，从而竞标成功。正是这样的竞标导向，让低价始终存在。

还有一些业主出于舆论或规避风险的考虑，会对商务标采用价格抽签的方式（机会标）来确定照明工程公司。一般来说，这种方式只适用于规模较小，且施工内容和产品需求清晰的照明工程项目，可以保证投标过程的公平公正性，避免项目投标过程中出现腐败行为。但对于大型项目，尤其是具有较强原创性的光艺术作品，采用机会标的方式就显得不那么明智了。

光艺术作品的打造需要业主和照明工程公司之间有非常深入地沟通，而机会标的随机性很大，业主根本不可能在项目前期让所有的参与企业都准确理解项目需求，照明工程公司也无法为业主提供更好的方案，最终中标企业能否做出业主满意的效果变成了未知数。可见，业主本来想通过最公平的方式来选择照明工程公司，但可能会在后期执行过程中遭遇更多问题。因此，业主一定要敢于担当，切不可舍本逐末，以最终效果为代价。

低价和无序竞争的危害已毋庸赘言，从业者都应该率先自律，精选适合自己的项目，严控项目的质量，这才是整个行业发展的基础。业主也应尽量了解行业规则，以打造最优质的作品为导向，采用适合的方式来确定项目合作方。当然，改变低价和无序竞争，更需要全行业乃至更高层立法机构的共同努力。

长期合作保障后期运营

在 4.0 时代，照明的动态变化越来越多，尤其是在城市灯光节、节假日重大活动上的应用日趋常态化。作为照明工程的需求方，业主单位也应充分了解照明工程的商业规律。

针对灯光节或灯光秀等需求，城市管理者不可能每次都重新立项建设，最好的方式是在原有的城市灯光项目中提炼出一部分，来配合应景的重大活动。这就涉及灯光运营的问题。作为施工方，我们必须与业主形成长期的合作关系，避免只做一次性买卖。照明工程公司要为未来的灯光表演和运营预留一些空间和接口，比如 3D 投影等，才能把整个灯光秀的大环境塑造出来。

对于做这类大型灯光秀的业主，首先要放弃"一锤子买卖"的观念，应该与照明工程公司建立长期合作，保障后期的运营工作顺利开展。景观照明已成为专业性很强的工程，需要系统的流程规范。业主确实可以选择低报价，但在未来运营的过程中，往往就要吃尽苦头。

有鉴于新的行业形势，照明工程公司更应该深耕自己的项目，打造好品牌形象，做好运营维护，这样业主才会认可我们的品牌，品牌才会在业内成为名牌。业主和照明工程公司都要眼光长远，以实现双方共赢为目标。

创造共赢的合作氛围

只有行业各方都能足够自律，树立良好的企业经营理念，以打造品质化的精品项目为目标，摒弃低价营销，改变无序竞争，重视规范和标准的建立，积极沟通互助，才能构建一个和谐可持续的行业发展生态，照明工程公司、上游企业、业主三方才能达成真正的共赢。

构建信任，实现共赢

照明工程公司摒弃了低价，就不会压榨上游企业，就能最大限度地激励上游企业的生产、创新积极性。从项目一开始，我们就鼓励厂家跟我们一起走在前面，以技术为导向，发挥其应有的技术价值。在这个过程中，厂家的能力得到了锻炼，竞争力越来越强，逐渐升华出他们独有的品牌价值。为了加强与供应商的沟通和互动，我们专门成立了针对上游供应商的售前服务部门，这个部门的主要职责就是早早地与厂家在光效和技术上进行配合。通过将大家捆绑在一起，形成利益共同体，照明工程公司与上游企业的共赢才得以实现。

随着照明工程公司和上游企业的合作不断深入，双方构建起越来越深的信任度。照明工程公司在施工工艺、光效验证、采购要求方面的精益求精，也让业主不断加深信任度，并且渐渐转化成为对公司技术的依赖。这样的依赖一旦形成，我们就会成为业主的长期合作伙伴。最后，当我们真正让光艺术作品落地之后，业主就会更坚信，自己的钱没有白花，项目的具体经手人同样会因为工程质量获得肯定，自己的事业也会更加一帆风顺。就这样，积极构建信任度，我们与供应商、业主方实现了多方共赢。

与竞争对手结为盟友

在同一个工程中，作为竞争对手的照明工程公司只要各展所长，也能实现共赢。比如，我们在山东某地跟进一个项目时遇到了一个竞争对手，经过了解发现对方是一家在当地很有实力的照明工程公司。于是，我们就将对方约出来，经过一番深入的交谈，竞争对手变成了合作伙伴。他们非常欣赏我们的设计，对我们在项目宣导上的前期付出也很满意，对方认为我们的优质设计打动了业主，这个项目一旦落地可以实现可观的利润。最后，我们两家公司达成合作，共同来推进这个项目。

对于这样的"合作者"，我们千万不要先入为主地胡乱抵制。我们应该分析双方的优势，尽可能求同存异，将他们发展成我们的盟友。只有充分认识到两家公司的利益是一致的，才能在获得工程款、竣工、验收、审计等诸多环节上，同气连枝，取长补短，为后期的工作省下很多麻烦。

所以，照明工程行业的竞争有时是有好处的，关键是我们用什么样的格局和眼光去看待。如果一方死掐着要进来，另一方又万般阻挠，最后大家做低价竞标，结果必然是一塌糊涂。我反复强调，低价对行业是毁灭性的。只要公司做到精选项目，做出让业主满意的设计方案，让业主对公司产生强大的依赖感，无论后期来多少竞争对手，公司都不会吃亏。当照明工程公司从大处着眼，朝着合作共赢的方向开拓发展时，必然会创造更良性、更理性的行业氛围。

标准是行业共赢的秘籍

照明工程公司要实现共赢，需要有大家都认可的行业标准。有标准在，就能防止低价竞争、恶性循环的发生。一旦我们在材料采购、施工工艺上拥有了普遍认可的行业标准，就意味着工程成本的大体锁定，照明工程公司进行低价竞争的"土壤"就不复存在了。

前面我举了广东荔枝的例子，用来说明恶性竞争对于行业的杀伤性。下面我们来看一个相反的例子——新西兰佳沛奇异果，非常值得我们学习和思考。和广东荔枝一样，很早以前，新西兰奇异果产业也采用低价营销的方式，农户们各自按照自己的方式施肥、种植，收获时，好的坏的放在一起，低价竞争、胡乱出售，最终导致奇异果产业趋于崩盘。

1996 年，新西兰奇异果产业决定为他们自有的水果创造出属于自己的品牌，让全世界以这个品牌名称来选择品质最好的奇异果。于是，佳沛诞生了。佳沛首先确定了奇异果的原产地标识，同时要求果农在规定时间，按规定数量进行施肥、采摘，对收获的奇异果，按照大小标准分级，保证佳沛品牌的品质。最终，标准化的管理流程加上强有力的品牌营销战略，让新西兰奇异果产业起死回生。如今，国外五星级酒店的客房内，几乎都会放一个黄金奇异果，一颗佳沛黄金奇异果在国内超市的售价是 8 ～ 10 元，完美的品牌营销策略和标准化管控，让新西兰果农过上了幸福的生活。

佳沛奇异果的例子告诉我们，照明工程行业实现标准化工艺、标准化采购，是让行业健康发展的关键。标准能让市场变得秩序井然，也能让行业参与者获得共赢。

10

专家观点

照明工程行业的繁荣与兴盛，离不开所有行业参与者们的共同努力，包括：业主单位和规划设计单位的顶层规划设计，照明工程公司对光艺术作品精益求精的追求，以及产品供应商对产品孜孜不倦的创新和优化。

为了更加全面地体现行业各方参与者对照明工程行业的理解，本书还结集了数十位行业大咖为照明工程行业共同发声，为行业发展建言献策，希望通过本书凝聚行业发展共识，倡导行业自律，引领行业创造更好的社会价值。

景观照明进入规划引领健康发展新时代

丁勤华 上海市绿化和市容管理局景观管理处处长

景观照明始于 20 世纪 20 年代，美国纽约首次提出城市景观照明概念，但在很长一段时期内景观照明还处在理论探索阶段。一直到 1987 年，日本朝仓教授提出的"光构成"理论，完成了光从照明功能向装饰功能和从被艺术表现的对象向表现艺术的创作素材的两大转变，城市景观照明发展的步伐加快，从理论探索变为现实展现。经过三十多年的发展，运用景观照明进行城市美化已成为当今世界潮流，如何保持景观照明健康发展的势头，促进景观照明和社会经济共生发展，作为全球最早开始景观照明规模化建设的城市之一，上海以自己的实践作了回答。

2017 年 10 月 9 日，上海市人民政府公布实施《上海市景观照明总体规划》（简称《总体规划》），标志着上海景观照明进入规划引领健康发展的新时代。

一、《总体规划》的出台背景

上海是全球最早开始景观照明规模化建设的城市之一，从 20 世纪 80 年代末、90 年代初南京东路及外滩起步，经过三十多年的发展，上海的景观照明无论是规模还是品质上，在全国乃至全球都具有很大的影响力。美丽的灯光夜景，已经成为上海一张不可或缺的城市名片。复旦大学 2014 年对城市景观照明建设绩效开展的评估结果显示，上海景观照明在近三十年的发展过程中，不仅为提升城市形象、提高城市综合竞争力做出了重要贡献，而且还促进了上海经济发展，丰富了人民群众的文化生活，引领了全国景观照明事业的发展。评估报告提出，城市夜景是城市景观的重要组成部分，是反映城市内涵、展现城市形象、促进经济发展、丰富市民夜间生活的重要元素；当今社会的景观照明已经成为现代城市发展和服务能力的一个重要标志，是城市竞争软实力的重要体现。评估报告指出，上海景观照明发展在取得丰硕成果的同时，也存在着规划引领建设不足、建设运营机制不完善、相关规范和标准不健全等问题，导致部分区域盲目建设、景观照明精品不多、区域景观水平不均衡，个别景观照明单体破坏区域整体协调性，一些区域甚至出现光污染等现象。

上海在历史上仅在 2009 年编制过《上海市中心城重点地区景观灯光发展布局方案》，尚未编制过覆盖全市域的景观照明专项规划。为突破城市景观照明健康发展的瓶颈，进一步引领城市景观照明健康发展，更好地服务于城市经济和社会发展，上海市绿化和市容管理局依据《上海市市容环境卫生管理条例》组织编制了覆盖全市域的景观照明规划。

二、《总体规划》的编制过程

2013 年《总体规划》编制进行项目公开招标，通过法定的评标程序，确定上海复旦规划建筑设计研究院有限公司承担《总体规划》的编制任务。鉴于《总体规划》编制工作量大、涉及面广、任务重的实际情况，上海市相关部门和项目编制单位组成联合工作组，协力推进编制工作。在四年多的编制过程中，项目工作组以问卷调查、部门走访、座谈会等多种方式深入了解市民需求、各部门的建议，以现场踏勘、实地测量等方式对黄浦江、苏州河、延安高架道路沿线等城市景观照明进行现状调查，通过网络问卷调查、省市交流等方式广泛收集国内外景观照明规划资料，并开展全方位研究分析，总结成功经验，梳理存在问题，理清编制思路。

《总体规划》草案形成后，多次组织各级景观照明管理部门负责同志、技术人员进行座谈，召开市内外景观照明规划和设计领域专家咨询会和论证会，反复听取对《总体规划》草案的意见、建议，反复论证相关技术参数、控制指标，最大限度地汲取各方智慧，不断完善《总体规划》草案。鉴于景观照明视觉效果要求的特殊性，在《总体规划》编制过程中，同期开展了黄浦江沿线、苏州河沿线、延安高架道路—世纪大道沿线、人民广场区域、世博园区、国际旅游度假区等重点区域景观照明概念规划编制工作,为《总体规划》的实施奠定基础。

2015 年 12 月 17 日,由中国建筑科学研究院、中国城市规划设计研究院城市照明规划研究中心、上海市照明学会、同济大学等单位的照明专家组成的项目评审组,一致同意《总体规划》通过评审,并给予高度评价,认为"规划现状调研扎实,采用的技术路线规范,编制方法正确,所提出的目标和原则科学合理,规划成果文件结构完整,内容充实,达到了《上海市景观照明总体规划》编制要求,规划编制达到了国际先进水平"。

三、《总体规划》的主要成果和亮点

《总体规划》以上海市总体规划及上海特有的人文、地域特色为基础,统筹夜景布局、亮度、色温、动态照明、彩光应用、光污染控制等涉及景观照明品质的全方位因素,通过专业化、系统化的统筹,建立了上海景观照明规划体系,不但填补了上海没有景观照明规划的空白,并且规划内容的很多方面在全国是首创,为上海景观照明在未来健康发展奠定了基础。

《总体规划》在总结实践经验的基础上,鉴于景观照明对扩大城市影响力,对促进旅游、商业、地产、文化等产业发展具有重要意义,明确提出,景观照明是城市公共设施的组成部分,各级政府及相关部门应落实责任,推进景观照明建设与运营管理。

《总体规划》在大量调查研究的基础上,面向上海城市发展"五个中心"和国际文化大都市的目标,在目前已有的"全国领先、世界一流"的城市景观照明基础上,进一步提出"具有中国特色、世界领先"的城市夜景目标。

《总体规划》秉承节能环保原则,把生态照明理念具体化。根据上海的实际情况,明确提出"控制总量,优化存量,适度发展"的思路,采用适宜的照度、色温,实现中心城区景观照明能耗零增长;推广应用高效节能的光源灯具和智能控制系统,避免光污染。

《总体规划》首次打破行政分区的概念,从全市范围统筹城市夜景布局,

提出"一城（外环线内中心城区）多星（郊区新城镇）"的总体布局和中心城区里黄浦江两岸、苏州河沿线和延安高架道路—世纪大道沿线以及人民广场、徐家汇、静安寺等区域、节点的"三带多点"夜景框架，明确了具有上海特征的城市夜景整体形象。

《总体规划》明确了市域范围景观照明发展的核心区域、重要区域、发展区域、一般区域及禁设区域，从生态节能、光污染控制等方面提出了禁止性、控制性和限制性要求，并根据景观照明载体的性质、特点、材质的差异，对照明方式、亮度、照度、色温、彩光应用和动态照明等要素提出了详尽的控制导则，使规划目标的实现和规划的实施具有可操作性。

《总体规划》在编制过程中，分别编制了黄浦江（吴淞口至徐浦大桥）两岸、苏州河（外白渡桥至外环）沿线、延安高架道路—世纪大道（外环至世纪公园）沿线、人民广场地区、世博会地区、国际旅游度假区景观照明概念性规划，为这些区域实施景观照明建设提供针对性的指导，保障重要区域景观照明效果的整体和谐。

《总体规划》明确提出按照政府引导、企业参与的原则，建立公共财政与社会多元投入机制，筹措建设和维护经费，确保景观照明规划的正常实施。

《总体规划》明确落实分级管理责任，规划"三带"范围的景观照明实施方案须经市景观照明主管部门和有关部门审核；其他重要区域、发展区域内的景观照明实施方案须经所在区景观照明主管部门审核；一般区域景观照明建设由业主根据本规划和有关规范、标准组织实施，各区景观照明主管部门加强监督指导。

《总体规划》明确景观照明建设应结合规划区域开发和改造建设时序同步规划、同步设计、同步实施。相关行政主管部门在审定城市基础设施、工业区、住宅区、环境绿化、附属公共设施工程等新建、改建、扩建方案时，应当征询景观照明管理机构的意见。规划中核心区域、重要区域、发展区域范围内地块转让过程中，应将景观照明建设、维护纳入转让要求。

《总体规划》首创了规划自我完善的机制，明确提出要建立景观照明总体规划实施效果评估机制，组织专家和市民定期对核心区域、重要区域和发展区域景观照明实施效果进行评估，不断提升和优化规划及其实施方案。

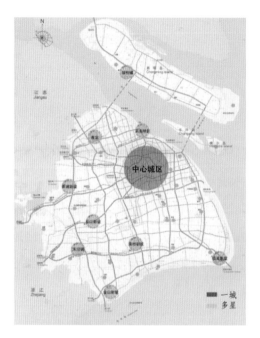

▌"一城多星"景观照明总体布局示意图

▌中心城区"三带多点"布局示意图

设计驾驭技术，技术表达艺术

吴春海 深圳市灯光环境管理中心高级工程师

景观照明效果见仁见智，不同的人有不同看法，但还是有一定之规，很大程度取决于技术和艺术。不过，技术进步与艺术效果并非必然正相关。如何实现技术到艺术的完美过渡，设计非常重要。近年来，照明新技术、新创意发展迅速，层出不穷，令人惊叹。夸张点说，技术无所不能，创意无所不在。

技术、创意带来更多思路、更多方法，给照明设计师的"宝箱"提供大量"工具"，创设无限可能，对夜景建设大有裨益。同时，作为一名照明从业人员，对此也有点担心，技术高速发展，创意层出不穷，我们的照明设计师能否"hold得住"？

媒体立面、灯光投影、交互体验等原本在舞台等室内小空间进行的表现手法，现在要搬到室外的城市大空间，打个不恰当比喻，可称之为"内衣外穿"。"内衣外穿"有没有问题？没问题！麦当娜是"内衣外穿"的鼻祖，开创潮流；Lady Gaga 也因此红遍半边天。不过，换成其他人这样做，估计会给批得一塌糊涂。这个例子只想说明，技术、创意是好东西，但不是任何人随时随地都可以用，很考验设计师的设计功底和艺术修养。"hold 得住"就是艺术，"hold 不住"就会出"车祸"。希望每位照明设计"老司机"，爱惜自己的羽毛，善用新技术、新创意，多出精品，不出"车祸"。

是不是怕出问题就不敢应用新技术、新创意呢？不是！

技术、创意一直是景观照明发展的主要推动力。LED、智能控制短短几年已成为行业主流，投影、AR、VR 等技术也占有一席之地。离开新技术、新创意，景观照明的发展无从谈起。既不能听之任之，也不能因噎废食。通过设计来驾驭技术，将使景观照明更有艺术气质，更加美妙动人。

那么，我们该如何驾驭新技术呢？可以从城市层面的在地感和空间层面的在场感来讨论。

在地感强调地域概念，关注当地居民，设计需侧重地方特色，与当地文化契合。但在全球化的当下，千城一面已是不争的事实，更是所有设计师不得不面对的客观现实。举个例子，深圳福田中心区的建筑形态，难道真的跟北京国贸 CBD、上海陆家嘴、广州珠江新城有本质区别吗？很明显，各大城市已然"一面"，硬着头皮要求景观照明去表现"千城"，既不现实，也没必要。所以，这里在地感强调的是新技术、新创意对当地现状的尊重。一要尊重当地居民的习惯和审美，打动人心，接受度高；二要尊重城市现状，周边夜景亮得好好的，新作品就要主动融入，而不要硬争长短。在地感不能简单等同地方特色，更多在于当地共同认可的观念、理念。比如深圳，"来了就是深圳人"可能比科技、金融等特色元素更有感染力，一个飞舞的拉杆箱更容易触动人心。

在场感原来是传播学用语，这里借来表达在特定城市空间的感受。景观照明，不论如何强调艺术性，说到底仍是一种公共产品，在公共空间设置，供公众参观欣赏，营造城市空间环境。通常来说，景观照明通过效果图或动画视频来选设计，但不要说效果图，就是动画视频也无法完全模拟现场实际感受，导致落地效果千差万别。特别是大尺度的夜景俯瞰图、眺望图，无法真实反映街道广场当中市民的所见所悟，需要适当增加街道尺度和行人视角的透视图、动画视频，才有可能在不同维度把相对真实的视觉、感受和空间还给市民。媒体立面、灯光投影、交互体验等表现手法的亮度高、色彩丰富、有动态变化、视觉冲击大，设计师一定要到特定的空间去思考、体验，才能确定合理的空间比例、设计尺度和视觉冲击强度，从而选择合适的技术和创意。既要表达艺术效果，激活城市空间，又不至于对市民日常生活产生大的干扰和影响。所以，景观照明不仅要造美"景"，更要营优"境"。于我而言，"境"比"景"更为重要。借用王国维在《人间词话》中的话，夜景"以境界为最上，有境界则自成高格"。

　　以上为个人拙见，期待同行斧正。作为一名普通的照明从业者，真诚期盼我们的景观照明设计水平稳步提升，真正做到设计驾驭技术，技术表达艺术，重视在地感和在场感，立足地域场所做设计，为广大市民营造优美舒适的夜晚光环境。

浅谈照明工程管控需要注意的问题

——从规划设计视角出发

梁峥　中国城市规划设计研究院城市照明规划设计研究中心主任

专业的照明工程管控是城市照明规划、设计理念落地、实施品质保障的基础。但现阶段的照明工程行业普遍呈现出重设计效果、轻规划、轻工程管控的现象，导致众多城市和地区，城市照明顶层规划及照明管理办法缺失，照明工程管控无据可依；照明设计方案片面化地追求图案、动画的视觉效果，缺乏对实施管控的综合考量，最终导致照明工程的实施效果往往无法达到规划、设计的预期效果。

而要真正提升照明工程行业整体的工程管控水平，不仅需要工程实施方提升工程实施团队的专业水平以及现场实施的管理能力，还需要包括规划、建设主管部门（包括政府主管部门、代建企业等）、照明规划师、照明设计师等的共同努力，实现"规划—设计—实施"全生命周期的、一脉相承的照明工程管控。

一、规划阶段：完善法规，科学管控

为实现因地制宜的照明工程管控，各地政府应基于现行的国家政策、规范、标准，积极组织专家、学者，结合本地的实际情况，编制城市照明相关的各项地方标准，为当地的照明规划的编制提供科学、合理的指标依据。

各地政府应结合城市的发展情况，积极推动各层级照明规划的编制。比如，深圳市形成了系统性的三级照明规划设计，从宏观层面的《深圳市城市照明专项规划》到分区详规层面的《宝安区城市照明详细规划》，再到详规方案层面的《深圳国际会展中心区商业配套项目片区灯光规划设计》，充分确保了专项规划先进的规划理念在各层级城市照明管控中的贯彻落实；建议由规划主管部门和建设主管部门共同组织、参与照明规划的编制。深圳前海深港现代服务业合作区便是打破了常见的单由建设主管部门组织照明规划编制的局限，由规划建设局组织编制了《前海深港现代服务业合作区灯光环境专项规划》，从而充分保证了照明规划的科学性和可操作性。

此外，为进一步保证规划提出的城市照明工程的管控要求落到实处，各地应学习和借鉴一些城市的先进经验，由政府积极推动当地的照明管理办法的编制和发布，以明确当地照明管控的责权划分、照明特殊政策，以及确保必要的建设、维护资金等。如《深圳市城市照明管理办法》，正是在《深圳市城市照明专项规划》的推动下，不断完善法规体系，结合实际的照明管控需求制定的政策文件，对深圳市的城市照明建设起到了重要的管控作用。

二、设计阶段：统筹兼顾，善于借脑

照明设计师应在设计正式开始之前，深入研究上位照明规划，充分考虑自身项目与周边环境的协调问题，避免一味追求个体夜景形象表现而不顾城市整体夜景风貌的方案设计；应在方案设计阶段充分预估项目实施管控、维护管养中将会遇到的问题，尽量在兼顾照明效果的同时，进行后期实施管控、维护管养压力较小的照明方案设计；应结合预期的照明效果和经费预算，对灯具选型及其所需达到的照明效果提出明确的要求，便于后期实施阶段的工程管控。

对于城市照明的重点建设区域，建议引入规划咨询等模式，引入当地照明规划的编制团队，协助当地的照明建设主管部门，进行景观照明方案的审核，以确保规划管控的有效落实。对于大中型城市的地标区段及地标，建议学习和借鉴深圳前海深港现代服务业合作区的成功经验，组建包含规划、建筑、景观、艺术、结构、照明等相关专业在内的专家智库，共同参与地标项目的方案评审，以充分保证照明设计方案的设计水平及实施的可操作性，以形成高品质的城市夜景名片。

三、实施阶段：一脉相承，高效衔接

建议优先选择具备"双甲"资质的、具备实施管理经验的、具备专业照明施工能力的照明工程团队进行项目实施；聘请具备照明项目监理经验的、认真负责的监理人员对实施过程进行全程监督；设计人员应积极参与现场指导工作，针对现场实施反映出的设计问题提出及时的改进措施，以确保项目的顺利推进，按时完工。

针对一些工程周期短、工程体量大、工程管控难度大的重要城市照明项目，则建议由照明规划团队直接参与照明方案设计及施工现场指导，以降低"规划—设计—实施"各阶段之间的沟通、衔接成本，以最经济、最有效的管控模式促成高水平的照明工程项目建设。

灯光景观与未来需求

许东亮 栋梁国际照明设计中心总设计师

城市灯光景观的生命力如何，有待时间的检验。事实是很多城市因为出色的夜景灯光而促进了经济活力与知名度，丰富了居民的夜间生活。如里昂、香港、上海等都是夜景灯光的受益者，法兰克福也是。可以肯定，未来人们对夜景灯光的认可度会增加，夜景灯光会更有魅力，设计、建设水准会进一步提升，举办以灯光为主题的节庆活动的城市会增加。

随着城市数字化管理的加速推进，智慧型城市建设会成为主流。灯光景观的控制会更人性化、智慧化，灯光的应用更加符合适时、适地、适光、适所的要求。灯光设备会更人性化，效率会更高，控制会更容易。

最美的光色景观来自于自然光，晨光、晚霞的美用人工照明手段是无法超越的，未来我们仍然脱离不了模拟自然、向自然学习的轨道并且用光不能脱离生活。

未来城市将更密集、更人工化，以山水人文的视角看现代金融商业城市，未来城市像跨越时空的电子山水。在立体的空间内，受控的灯光设备演绎着风景变化和人们的真实生活状态。

从设计手法与规则发展模式看，现代城市的趋同化会加剧。各个城市为了增强认知度会建设突出个性的地标，在灯光设计上也会为城市的可识别性贡献力量。

未来的灯光会更数字化、更精准节能，绿色建筑的推广会促进绿色照明的发展。减轻光污染危害的相关法律法规的执行力会在政府立法层面加强，环境保护的意识加强，射向天空的溢散光将得到控制。

从照明标准来看，照度、亮度标准较过去有提高。客观上城市照明系统的完善会使城市更亮，系统性节能要求会更高，节能意义会更大。节能与政府的倡导和政策支持是分不开的，欧盟及美国、日本等国的能源法案都包含了一些节能补贴的内容。

灯光的需求笼统地讲有两大类：安全功能性需求，视觉舒适及欣赏性需求。我认为前者需要标准，后者只需要导则，任何试图规范感觉艺术情景等的做法都是没有必要的或者会适得其反的，应该建立在引导基础之上。关于用光的美学会有时代的潮流和设备的影响，但是品位与品质及美学的基本原则并不会随时代的改变而发生大的变化。

国外有研究表明，灯光夜景对愉悦人的心情能起到积极的作用，夜景也是很好的旅游资源，当然还有很多值得挖掘的价值。"美丽中国"的目标应当包含美丽城市夜色，在节能环保、尊重环境、方便生活的前提下，相信城市的灯光夜色会更加美好。

我以为我们进入了新时代——以 LED 光源为代表的光信息时代。焰与火的时代是光不可控的时代，能量的低品位时代。光与电的时代是光的静态时代，是忠实于载体内容、注重光影明暗关系、切换式控制、单点发光的耗能时代。光信息时代是一个全新的时代，是光像素的时代，同时能融入环保低碳的大时代。这个时代用光是按像素表达明暗关系、色彩关系和影像动态的。内容强弱自由、程序网络式控制、集成光源，它冲击到了载体本身的结构逻辑或者说把结构当了背景。

新时代的灯光遇到了媒体信息问题，实际上是遇到一个设计的新课题。信息表达是有多方位需求的，手段涉及多媒体，因此必须要学习新的东西，适应新时代。但传统的美学基础不能丢。摄影技术出现后，有人就预言绘画的使命该终结了，现在看看，绘画仍然如日中天。

现在有个流行语叫跨界，我想灯光进入信息表达领域就是跨界。

一般来说，就刺激眼球而言，有媒体信息表达的光胜过单纯的发光体，动态的光胜过静态的效果，彩色的光胜过单色的，高亮度的胜过低亮度的。这个规律被人们掌握以后，就会在布光上采用吸引眼球的办法。结果呢，动态的、媒体的、彩色的会越来越多，我们在不知不觉中被笼罩在光信息的海洋里。这就引出了光信息也需要管理的话题。

我们处在一个不确定性越来越大的世界里，边界的模糊使我们很难找到总则和规矩。新媒体的光信息是一种无地域性、无边界的通用表现方式，大量采用，客观上增加了城市的趋同性，淡化了地域特色。采用光信息的手段，不一定能增加城市的信息量，反而会使城市失去厚度，流于表皮。光与信息结合使新时代具有其不可阻挡的力量。人工光的未来有四个基础方向仍然值得探讨：一是用光习惯，二是用光标准，三是用光技术，四是用光时间。

照明行业的供给侧结构性改革

沈葳 浙江城建规划设计院副院长

　　城市面临的课题是发展，本质是竞争。资源的竞争、人才的竞争、投资的竞争、消费的竞争、出口的竞争……在这一进程中，政府担当着城市管理与建设者的角色。经济转型时期，在经济提速放缓、财政紧缩、反对铺张、注重实效的当下经济环境中，城市及政府需要更多思考供给侧结构性改革。如何获得足够的发展动力，如何合理地建设立项，如何产生更大的联动效应，就是政府面临的最大课题。

　　在这个改革攻坚的关键时刻，照明环境设计的创新发展虽不足以影响全局，但可以实现"四两拨千斤"的倍增效果。从小的方面来讲，景观照明是强化居民生活幸福感的工具，从大的方面来说，景观照明是城市形象最直接的表现手段之一。如果我们再把交互光环境概念与创意文化乃至智慧城市管理系统相联系，恐怕后续发展会呈现出更加诱人的前景。

　　景观照明是城市基础设施建设工程，是城市形象的基础，是公共生活的平台，是服务民生的抓手，对彰显城市建设、城市文化和城市管理水平具有重要意义。从更大格局来研判，城市景观照明必将与科技融合，构成智慧城市交互光环境。以什么样的格局来谋划未来，将决定谁将赢得挑战，拥有未来。

一、以战略眼光审视未来

　　超越当下、超越行业去观察，很容易发现，许多事物都在以渐进或突变的方式发生着改变，从而影响到社会生活形态。主动迎合、支持改变的事物将构成一个关联体系，成为变革的主导者。远离和被动的事物或面临淘汰，或被改革。

　　我国正在经历经济发展模式变革，比如，财税改革、管理体制改革、政府债务的严格管控等一系列新举措，建设思路、立项动机、审核机制和投资管理一定会发生相应变化。仍然幻想像过去一样，依靠政府大投资，工程公司大赶快上赶工期的项目会越来越少。理由是：首先是重大事件的预期基本结束，其次是政府的腰包没有以前充盈，最后是不能产生直接效益的投资不符合社会主义市场经济规律。如果从更大的视角分析，景观照明是在公共环境中作业，环顾周边，景观设计、智慧城市、公共安全等诸多专业的任何扩张都将侵入景观照明的地盘。没有创新，没有技术含量提升，没有更高的效益承诺必将被别人的跨界行为所覆盖。

二、以市场为导向提升内涵

把景观照明设计的目标定义为创造美好环境，当然可以成为一种专业定位。但是，从社会需求本质来讲，业主要的可能不仅是美好景象，而是美好景象带来的城市形象评价的提升、游客的聚集和消费、旅游拉动的效益在产业间传递。城市发展投资驱动力正逐步转向更有显效的方向。我们不做的或景观照明设计不能延伸的服务一定有各种形式的社会服务去填补，而功劳总是记在摘取果实的人身上。于是，无论从服务的完整度，还是从行业存在的必要性，完整的照明工程效益解决方案是照明行业统合了别人，还是被别人统合的关键。

三、以创新精神改革行业

凭什么可持续增长？凭什么比别的专业有更强的优势？行业面临的问题很多，但主要是增长动力和比较优势问题。要认清形势，转变思路，敢于先发，敢于试错，敢当龙头，只有拥抱高新科技才能华丽转身，着手改变照明工程是形象工程的认知，为政府提供全新立项思路和建设模式，使光环境建设成为一种投资和平台建设。在智慧城市、美丽乡村、体验经济大发展进程中怎样树立专业优势、资源整合龙头优势、投资回报的快捷优势、形象竞争的传播优势……

第一是提升照明工程管控，我认为要从两个方面认识：首先，哪些问题需要管控；其次，怎样做好管控。

我们原先对管控的理解大多停留在项目管理的具体工作内容，缺乏宏观视野和社会觉察，不太利于行业总体发展的管控，要针对以什么优势去融入市场；市场走向的变化；行业推进的方向；行业后续发展动力等问题建立宏观管控体系。通过顶层设计和市场机制优胜劣汰就是最好的行业管控。

第二是提升设计管理。

以前是以项目的甲方偏好和效果图为中心。今后需要大跨度地跨界合作，有策划阶段的管理目标，也有设计与施工配合的管理目标。对管控内容、管控手段、管控机制都提出非常高的要求。所以项目负责人不一定是设计师，而是管理大师和营销大师。

第三是工程管理中，很多以前不涉及的技术和设备要整合进来，实现跨界的灯光解决方案和使用方案。

服务体系会延伸到运营管理服务，运营管理服务外包中需要技术支持和维护服务。

照明建设不是政府消费行为，而是城市的一种投资：为提升城市形象、建设城市文化、科学管理城市进行的环境投资和平台建设。我们的目标是城市光环境建设与文化再造的整体解决方案，我们的设计产品只有一个，就是——城市魅力。

城市景观照明建设趋势判断与思考

王天 北京清美道合景观设计机构联合创始人

首先，城市重点区域将继续保持眼球效益，景观照明项目相对独立存在，而城市非重点区域照明项目则会更为综合化，景观环境一体化提升将成为主要方向。

其次，包括景观照明提升在内的更多的城市更新项目将明显由一线城市的重点区域转向一线城市非重点区域及二线城市，项目类型将以综合型为主。而从国内城市景观现状总体情况分析，上述城市非重点区域景观环境面貌相对较差，城市功能有待完善，这些区域往往民居又较为集中，综合改造提升成为重要的民生实事，景观照明就是其中的一项。

一、城市视觉系统构建

现今，城市视觉系统规划史无前例地得到重视，包括建筑、景观照明、园林景观、户外广告、城市家具、店招牌匾在内的六项城市视觉品质直接影响和决定了城市的文明化程度。从纽约、东京到巴黎、米兰，良好的城市视觉效果为其带来了巨大的社会和经济效益，在这些区域城市视觉效果被主动或被动地关注着，视觉体验改变了生活方式，已经成为人们生活不可缺少的部分。

城市视觉系统又称城市视觉一体化，是城市空间中各视觉要素相互联系组成的一种逻辑关系，其核心价值是对于空间环境品质的干预、统筹与影响。系统中包含了建筑、景观、照明、广告、城市家具、导视等城市视觉要素。各要素之间如何协调的存在成为一个重要的课题，因此，对于城市景观环境而言，视觉系统的研究与应用就显得格外的重要。

视觉一体化提升案例分享：深圳市福田区华强北商圈综合提升项目。华强北路作为"中国电子第一街"，是深圳的电子通信核心区域，是全国电子

▍城市视觉秩序构建重要因素

产业的风向标。华强北街区从形成至今经历过几次改造提升，2018 年我们将城市视觉系统规划设计引入华强北，用视觉一体化（建筑、广告、照明、导视设计）的手法重塑了"中国电子第一街"的视觉形象。视觉一体化设计以激活目标对象个性为出发点，通过重构立面、协调色彩、整合广告、规范牌匾、串联夜景等技术手段，整体提升目标对象的视觉秩序。华强北路设计主题为"科技、聚变、体验、包容"，我们创作了以"魔方"为设计灵感的全彩动态 LED 玻璃屏、以"海洋"为主题的全亚洲最大的全彩 LED 弧线玻璃屏等一系列作品。建筑装饰、装置艺术、广告媒介、灯光雕塑、媒体动画首次在华强北步行街进行融合，探索城市景观的新概念，也彰显了城市景观一体化设计的独特魅力。实施视觉一体化提升方案后的华强北步行街重新焕发出了昔日的繁华景象，将空间环境的视觉品质推到一个新的高度。

曼哈数码广场一体化改造是其中最为经典的改造案例之一。我们对建筑进行了全方位研究，包括立面结构、照明、视域、视角、交通及空间环境等分析，改造后的曼哈数码广场识别度得到较大的改善，建筑立面视觉表达与建筑属性做到了高度吻合，楼宇立面广告的年收益也由改造前十万元级提升到百万

▎华强北步行街

▎"魔方"LED 玻璃屏

元级。我们看到了城市景观建设方、楼宇物业方、广告运营方三方的共同受益的多赢局面，由此，清美道合完成了本次项目的设计使命。

▌曼哈数码广场

二、城市家具与照明

　　城市公共设施也称为城市家具，是城市运营的重要工具。随着城市家具使用功能的日趋完善，其视觉效果开始得到重视，带有城市形象基因的公共设施形成了独特的视觉印象，同时增强了城市公共空间的可读性。可以预见，未来智慧城市对城市家具将有更高的要求，每个设施都将完成智能化、视觉艺术化的升级或更替，并成为智慧城市终端的重要载体。这些设施包括公交车候车亭、路灯、座椅、垃圾桶、信息亭等。既然是公共设施那必然需要夜间照明，城市家具的照明可分为功能性照明和装饰性照明。例如，公交候车亭，灯光在满足功能性照明的需求之外，还可以通过装饰性照明来增强设施的美感，信息亭及座椅也同样需要灯光来增强识别度及

▎流沙新语系列——公交候车亭

▎流沙新语系列——景观灯

▌*流沙新语系列——路灯*

装饰感。在城市家具系统中路灯相对形成了自己的小系统，从类型上就超过了十多种，高杆灯、中杆灯、道路灯、庭院灯、草坪灯、地埋灯等，技术和材料的进步已让道路照明变得更加科学和人性化，而下一个阶段将是智慧与视觉唱主角。

北戴河新区案例，设计方案以沙滩、海洋为主题，通过多种弧线穿插排列组合形成设计方案"流沙新语"，所有的公共设施都围绕着主题开展设计。

三、户外广告与照明

作为视觉系统中与市场连接最紧密的板块，户外广告经过几十年的发展，到如今已经成为城市运营的重要手段，其中地标媒体又成为近几年市场追捧的主角，无论是地标景观、地标建筑还是地标雕塑，地标的形式都在追随时代的脚步不停演变。进入信息时代，商业的聚集效应催生了颠覆城市景观的户外媒介，从纽约时报广场到伦敦皮卡迪利广场，从东京银座到上海外滩，户外媒介已经成为展示城市商业活力、代言城市现代精神的载体。作为地标的户外媒介，为城市提供了全新的注解。我们注意到户外广告与景观照明之间的关系越来越紧密，界限越来越模糊，很多时候创意性的户外广告成为景观照明的主角。

▌户外广告

商圈视觉新趋势，打造互动媒体，引爆公众话题。面对"互联网＋"时代的消费者，仅仅有高品质、有特色的城市空间是不够的，互动、趣味、话题也是吸引消费者的关键。在实践中，我们还创新户外媒体应用，通过接入互联网实现多屏联动，借助社交软件实现O2O互动，以创造视觉焦点，形成话题热点，启动传播爆点，打造出互联网时代全新的空间体验。

以重庆解放碑商圈的"城市之门"为例，我们开发了基于微信公众平台的"解放碑赛艇"游戏，市民扫码关注赞助商即可参与。入选市民通过摇动手机划动"赛艇"争夺更高名次，胜出即可获得赞助商提供的奖品。我们还

▎重庆解放碑商圈地标媒体

▎合肥庐阳区某商圈

利用增强现实（AR）技术制作了"重庆长江索道"增强现实游戏，可以让现场的观众乘坐虚拟缆车，瞬间游遍朝天门、罗汉寺、洪崖洞等诸多景点。妙趣横生的游戏，吸引了大量市民聚焦参与。

四、城市生活空间、背街小巷及一般商业路段综合提升

近期，政府有关部门提出了新的城市环境提升要求：高质量的设计和营造才能提升城市品质，广泛深入的共谋共建共治才能实现共享。在共享与品质的新时代，城市规划工作要注重城市建成区存量的改造提升和利用。比如，针对旧小区的提升改造、既有建筑的改造利用、工业区和工业建筑的改造利用等，要用绣花般的设计和营造，探索适应城市存量改造的方法。

▎南京某背街小巷提升改造概念设计

浅谈中国城市景观照明行业的发展趋势

戴宝林 豪尔赛科技集团股份有限公司董事长

城市景观照明，利用光，结合了艺术的美感和技术的智慧，便可以重塑城市的夜间形象，提升人们夜间生活的光环境品质，甚至还可以打造出城市形象宣传的引爆点。中国城市景观照明在经历了从 20 世纪 80 年代到 2008 年北京奥运会的初级发展阶段，2008 年到 2015 年杭州 G20 峰会之前的高速发展阶段，再从 2015 年杭州 G20 峰会引爆中国城市景观照明至今的井喷式发展阶段后，中国城市景观照明行业开始进入发展的成熟期。一个行业一旦进入成熟期，也就意味着这个行业的市场增长和需求增长相比之前的发展阶段开始放缓，高端市场竞争也会变得更加激烈和透明，行业规范和标准也会更加完善。从这个层面来讲，成熟期的开始也意味着中国城市景观照明工程行业 4.0 时代的到来。目前，中国城市景观照明的发展趋势已逐渐呈现出新的特征。

一、建筑、照明一体化，照明逐渐成为建筑的一部分

随着灯光对建筑打造夜间独特形象、塑造个性魅力的影响力逐渐彰显，越来越多的新建楼体选择照明作业与幕墙工程同步进行，甚至也有很多已完工的建筑纷纷进行亮化改造。灯光已经成为当代建筑夜间形象进行对比的一种感染力量，同时也使得照明成为建筑内涵在夜间不可或缺的一种表达方式。

除了对建筑形象的重塑或强调，照明也在从功能性服务向经济效益的追求不断过渡。通过夜景灯光的渲染，景区的白天和夜晚呈现出完全不一样的视觉感受，不仅丰富了游客的视觉体验感，而且也促进了夜间经济的增长。这一点，对于文旅项目、办公楼体、商业建筑、星级酒店等尤为突出。比如重庆、西安这些城市向来以旅游闻名，随着近几年旅游业的发展，这些旅游城市的

夜间亮化建设规模也越来越大。夜间经济点燃消费热情，所以做活夜间经济，打造夜市新名片，也成为众多旅游城市创造 GDP 的追求。

灯光，不仅创造了舒适的光环境，而且从整体上提升了建筑的内在品质。现在，任何一座新建的地标性建筑都匹配了出色的照明方案。可以说，照明已成为建筑的一部分，建筑、照明一体化也逐渐成为未来城市景观照明的一种必然趋势。

当然，区域建筑照明在规划设计阶段还要具备统一性。每栋建筑既是独立的单体，从城市的角度来看，所有建筑又是城市生命力的完整体现，所以建筑彼此之间还存在着关联性。城市中的建筑立面灯光效果既不能展现得随心所欲，也不能出现"你柔他柔，唯我激光四射"的不和谐。尤其是在一二线城市，照明既要彰显建筑形象、城市精神、人文特色，又不能毫无个性地做成千城一面或千篇一律，否则就失去了灯光凸显载体个性的重要意义。

二、建筑立面媒体化，成为智慧城市中的新媒体

杭州 G20 峰会的震撼灯光演绎引爆中国城市景观照明市场后，更大体量、更加气派、更加恢宏的以建筑群体为整体演绎幕布的灯光秀开始成为政府机构、投资企业和社会民众兴趣导向的创新点。比较有代表性的有 2018 年青岛上合峰会开幕式的浮山湾灯光秀。以天为幕、以海为台、以城为景，群楼联动，气势恢宏，展世界水准，呈中国气派，现山东风格，彰青岛特色！这是在观看完这场壮观的灯光演绎后，相关政府领导和社会民众给予浮山湾灯光秀的最高评价，更是对照明工程行业的极高认可。

在青岛上合峰会结束后，这里成为城市名片，每周进行的常规灯光表演，更是对灯光价值意义的最直接体现。在 2019 春节期间演绎的"幸福中国年、奋进新时代"、4 月 2 日关注"世界自闭症日"演绎的"为星星的孩子点亮浮山湾"等主题宣传中，灯光也成为利用建筑立面展现文化的一种最好媒介。

▎青岛浮山湾夜景

UN Studio 和 Asymptote 在对建筑外立面媒体的研究中提到，位于韩国首尔的 Galleria 时装店就是利用建筑外立面灯光进行产品宣传的最好案例代表，而且它的灯光也已经成为当地区域吸引外地游客最大的亮点之一。

一旦某种宣传方式得到很好的效果和被大众认可后，这种模式势必就会在一定的时期内快速发展起来并成为一种潮流。随着近几年旅游经济的暴增，寻找最开放的载体作为某些主题最有效且受众面最广的宣传方式就成为投资者热衷的追求。中国最大的特点之一就是人口数量规模大，建筑数量多。所以，巧妙地把建筑立面转化成一种媒体，而且规模化地发展起来，这对城市信息化宣传、促进城市和谐美好发展、推动中国智慧城市的建设也会起到积极作用。通过控制系统，对 LED 灯光打造的宣传内容可以随时随意地进行调整和更新，这也为社会创造了一种低成本、高收益的运营模式。

三、照明系统控制智能化，自动适从于环境和人

从技术层面来讲，无论什么内容的灯光效果和演绎形式，最本质的精彩都离不开完善和先进的照明控制系统。那么，随着物联网应用的不断普及以及照明控制系统的不断升级和创新，智能化已逐步成为照明工程行业技术层面需求的一个主流。照明系统智能化，不仅要求对照明方案中灯光效果的表达进行智能控制，而且还要求它能极大程度地根据人在所处环境中的感应或需求自动调节灯光，为人们提供更为舒适的光环境。功能性照明的灯光区域，比如城市路灯，结合物联网建设以及未来 5G 的应用，可能更大范围地导入与交通安全、便民生活、市民教育等相关的智能开拓点；在文娱创意的灯光领域，改善照明控制系统的智能化程度，提升人与灯光交互的趣味性、经济性和实用性，照明会更深度地融入人们生活，人们生活也会越来越离不开智能照明所带来的精细化服务，从而最终实现智能控制、智慧照明、以人为本、和谐环境的目的。

四、一线城市照明市场渐趋饱和，主题照明进入常规常态化

结合中国景观照明工程行业的发展趋势和特点，尤其是在近几年城市景观照明的井喷阶段，无论是实力卓越的"双甲"照明工程公司，还是抓住市场大好机遇乘风而起的中小型照明工程公司，都迎来了蓬勃发展的最好时期。据"新思界"产业研究中心发布的《2019 – 2023 年中国照明工程市场可行性研究报告》显示，2017 年，我国照明工程行业市场规模为 3829.7 亿元，

同比增长 11.85％；预计到 2020 年，我国照明工程市场规模将达到 5519 亿元，照明工程行业将持续保持良好的发展势头。目前，中国一线城市大部分在 2018 年都进行了城市景观亮化提升。但凡事都要讲究一个"度"，在最适合的范围内就是对"度"最好的把控。既然这些一线城市已经经历了大体量的亮化提升，那么后期对于城市景观照明规划就会在合适的"度"的范围内补充式地进行，一线城市的景观照明市场将渐趋饱和。但是，景观照明工程对这些大城市夜间形象的成功打造，使得这些照明工程形象追捧式地被三、四线城市作为了未来照明规划设计的参考样本，而这一点又为照明工程行业在三、四线城市带来了发展机会。

除此之外，城镇化的不断推进也为景观照明提供了原始驱动力。2019 年 1 月 22 日，据华经情报网报道，中国城镇化率已从 1978 年的 17.90％ 提高到 2018 年的 59.58％，但是这距离发达国家 80％ 的水平还有很大的差距。未来我国城镇化还会继续保持一定的增速。而城镇化的建设过程，离不开景观照明对城市经济、文化、社会等各方面的辅助支撑。城镇的灯光还要实现从初级阶段的"亮起来"到后期"美起来"的过程转变，这也意味着城市景观照明市场未来在三四线也有很大的发展潜能。

结合中国城市景观照明当前发展状况以及未来发展趋势，景观照明还需要从以下几方面进行改善和提升。

1. 防止过度照明，避免光污染

要做到这一点，就需要相关规划部门对城市景观照明的规划做好严格把控和审核，照明行业协会可以研究、制订一些更加科学完善的照明设计指导规范或标准，相关照明工程公司要严格遵守城市区域景观照明的规范和标准，不断提升技术水平，认真实施，对工程的品质进行保障，从而实现绿色照明和照明行业的可持续发展。

2. 创意要新颖，技术有支撑

近几年来，中国有很多知名城市在景观照明方面做得很出彩，比如青岛、深圳、杭州等，这些城市成功的案例也为其他城市景观照明的建设提供了很好的思路。但是，对于这种已经成功将灯光打造成城市夜间形象个性代表标志的案例，其他城市不宜直接照抄硬搬，否则就会形成不伦不类的结果。毕竟从专业的角度来讲，任何一个成功的城市景观照明设计都是在融合了城市历史、文化、特色等多方面元素的情况下做出来的照明方案，除了体现灯光亮起来后能带给城市一种夜间"美"，它还需要让城市在景观照明中美得有艺术、美得有内涵、美得有价值。

所以，作为专业的照明工程公司，在为业主提供方案时，建议要更多地追求方案创意、技术创新、品质保障等几方面。这无论是对企业自身长久的发展，还是对照明工程行业的健康发展，都是至关重要的。

创意可以天马行空，但是方案最终要落地。方案的可实施性需要技术支撑和论证。前面提到照明系统控制智能化，要自动适从于环境和人，所以对于技术的要求就要在"和谐环境、以人为本"的前提下，做好新时代潮流中照明技术的迭代整合，真正实现"智慧"的力量和意义。

3. 立足未来，重新定位

任何一个行业，一旦进入成熟期，也就意味着行业内的众多企业将迎来更大的挑战。伴随着城市景观照明行业逐渐趋于稳健的发展节奏，市场中新机会的增长率会逐步降低，行业内众多照明工程公司之间的竞争会变得更加激烈！那么，在市场资源越来越有限的前提下，一流品牌的照明工程公司如何继续实现可观的赢利水平，中小型照明工程公司如何在生存的前提下继续保持快速发展的势头，这将成为大家不得不静下心来认真思考的问题！所以，立足现在，着眼未来，照明工程公司需要重新审视自我的定位以及寻找新的自我价值体现。

新时代，照明工程企业该如何畅游新蓝海

程宗玉 深圳市名家汇科技股份有限公司董事长

近几年，在"夜间经济 + 政府购买 + 新型城镇化 +5G 科技"等多种因素的驱动下，照明工程行业已由原来的粗放式发展，顺利实现转型升级，朝着精细化、专业化的方向发展，迈入了 4.0 时代。4.0 时代，对照明设计、专业技术、工程建设、资本实力等都提出了更高的要求，也更加注重工程的内涵，向美其容、丰其景、彰其文三方面延伸。

而随着夜间经济和智慧城市建设的发展和成熟，文旅夜游和智慧路灯将成为照明工程行业新时代发展的新蓝海。尽管如此，照明工程行业仍存在一定的问题，比如：照明建设同质化严重，大量使用媒体立面，给防止光污染带来巨大的挑战；亮灯形式过于粗放，没有和灯光介质之间达成协调统一，造成城市特色缺失。照明工程公司仍然面临着项目风险、应收账款回收风险、政策风险、市场风险等。那么，在挑战与机遇并存的新时代，照明工程公司该如何布局，寻找突破点，挖掘新蓝海呢？

一、赢取文旅夜游新机遇，文化内涵是发展核心

随着城镇化不断推进、居民夜生活的繁荣、旅游竞争的日益激烈和旅游消费模式的转变，文旅夜游展示出了巨大的发展潜力。

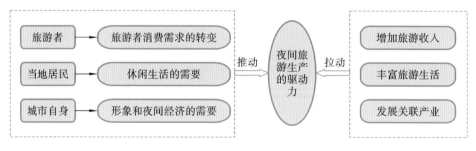

夜间旅游的动力机制

2019 年元宵之夜，故宫博物院首次免费开放夜场，紫禁城的"上元之夜"刷爆网络；当晚，广东肇庆，一场烟火音乐会作为粤港澳大湾区（肇庆）光影艺术节的收官之作，赚足了人气；2018 年，某旅游网站带有"夜游"标签的产品订单数同比增长了 9.0%；2019 年，携程门票上线的灯会专题活动，游客数量同比增长了 114%，多款夜游产品人气颇高。

另外，据银联商务数据最新显示，2019 年春节期间国内夜间总体消费金额、笔数分别达全日消费量的 28.5%、25.7%，其中，游客消费占比近三成，夜间旅游已成为旅游目的地夜间消费市场的重要组成部分。

文旅夜游的飞速发展，将促使照明工程公司从"景观照明工程"向"景观照明工程与项目运维并重"转变，将给企业带来"千亿级别"新增工程市场与运营空间。

文旅夜游是文化和旅游融合发展需求的新兴产物，游客文化节事活动、文化场所参观等的夜游体验需求旺盛。近年来，众多旅游城市，通过挖掘城市文化，打造文旅夜游品牌，对当地旅游市场起到了很大的拉动效应。比如，桂林的"印象刘三姐"、杭州的"宋城千古情"和"印象西湖"、西安的大唐芙蓉园、丽江的"印象丽江·雪山"和"印象丽江·古城"、开封的清明上河园等。因此，深入挖掘夜游产品的文化内涵，是发展文旅夜游的核心。当然，发展文旅夜游不能总是往后看，更不能只停留在本地的民俗文化里，应该以开放的思维，汲取世界各国发展文旅夜游的经验。

二、积极布局智慧路灯，驶入智慧城市快车道

随着从中央到地方政府一系列政策的落地，智慧城市成为城市发展的重大战略。据估算，2018 年我国智慧城市市场规模达到 7.9 万亿元，2018—2022 年均复合增长率将达到 33.38%，2022 年将达到 25 万亿元。中国作为全球最大的智慧城市实施国，发展态势良好。

智慧路灯作为智慧城市的重要组成部分，是照明工程行业切入智慧城市建设的重要途径，智慧路灯也是目前为止可以得到验证的智慧城市的重要入

口，可以将 5G 覆盖下的城市交织成网络。

随着 5G 商用的来临和智慧城市建设的提速，各省市纷纷出台关于智慧路灯的建设方案，尤其是在 2018 年有明显的加速趋势。智慧路灯作为智慧城市的入口，目前已经可以实现照明、信息发布、监控、无线网络、充电桩、紧急呼叫等功能，已经超过 25 个省份陆续布局智慧路灯。由于智慧路灯搭载了基站、环境监测、充电桩等众多功能，单价势必要提升，另外智慧路灯未来将不仅仅用于城市道路，社区、公园、大型场馆都将是应用的方向。据预测，到 2021 年以智慧路灯为入口的各种硬件及服务的市场规模为 3.7 万亿元，占智慧城市市场总规模的 20%。

显然，智慧路灯的市场规模巨大，对于渐趋微利化的照明工程行业而言，是一个不可忽视的发展新机遇。基于对城市照明发展变迁的了解和丰富的道路施工经验，照明工程企业参与智慧路灯建设具有得天独厚的优势。各大企业应紧跟智慧路灯发展的大趋势，积极布局，齐心协力研究智慧路灯落地方案，制订智慧路灯系统建设与运维技术规范，共同开拓和分享万亿元级的市场机遇。

三、着力打造核心优势，谋求企业转型升级

纵观照明工程行业近 70 年的发展史，相对于其他行业而言，照明工程行业有着非常显著的特点。这个行业没有计划经济的烙印，未出现地域保护和条块分割的情况，行业竞争格局良好，行业内的民营企业能够凭借资质、技术、资金等硬性指标拿到较好的订单。

不过，值得注意的是，由于近年来城市级的大型项目成为市场主流，政府逐渐成为照明工程行业占主导地位的客户，照明工程行业的生态发生了重大改变。

（1）项目规模扩大，总体规划要求提高。地方政府主导的城市景观照明工程一般要结合城市自身自然禀赋及城市建设总体规划，统筹布局。使得单个项目的规模较以往大幅提升，对项目承接方的设计能力、工程实施能力

要求不断提高。

（2）项目实施周期短，以 EPC 模式为主。EPC 模式不仅需要工程承接方有齐全的各项资质，更要求其有着与时俱进、因地制宜的设计规划能力，以及充足的现金流储备、流畅的供应链体系和丰富的项目实施经验。

（3）行业集中度将快速地向行业龙头集中。随着照明工程行业市场规模的扩大，规模较小的企业获取订单难度不断增加，或被挤出市场，竞争格局出现"强者恒强"的趋势。

基于以上变化，照明工程公司若想在激烈的市场竞争中勇争上游，立于不败之地，不管是行业龙头企业，还是规模较小的企业，都迫切需要打造企业的核心竞争力，尤其需要建立在科技、艺术、资本、平台等方面的优势。

简单来说，科技是科技研发能力和创新能力，它直接关系到照明工程公司的项目实施能力，艺术是设计规划能力和艺术表达能力，它直接关系到照明工程公司的项目落地能力；资本即现金流，它直接关系到照明工程公司的承接能力；平台则是照明工程公司的资源整合能力。

过去，照明工程行业一直属于传统建筑施工领域，企业管理缺乏系统性和科学性。近几年，随着照明工程行业迎来全面爆发，我们逐渐认识到，优秀的设计能力、先进的技术能力、雄厚的资金实力和科学的管理能力对企业的重要性。因此传统的照明工程企业应该抓住行业新风口，积极谋求企业向科技型、现代化企业转型，以适应更高文化内涵和智慧科技的行业发展要求。

行业兴，则企业兴。总体而言，随着夜间经济的兴盛、5G 时代的来临和智慧城市建设的加速推进，我国经济与国力的提升，国际地位与影响力也与日俱增，承办大型活动、召开国际会议将会越来越多，如粤港澳大湾区建设、建国 70 周年庆祝活动、建党 100 周年庆祝活动等重大事件等，照明工程行业还将迎来新一轮爆发。

面对新的行业发展蓝海，我们需要更加积极主动地参与其中，以城市建设者的姿态提前布局，共同营造照明工程行业的兴盛未来。

匠心营造光环境，促进城市照明可持续发展

张志清　利亚德照明股份有限公司董事长

景观照明通常属于室外照明范畴，是城市照明的组成部分。随着我国城市建设的快速发展，城市夜景的"资源"已经被广泛开发，一线城市、二线城市，甚至到三、四线城市，景观照明都成了美化市容及提升市民幸福指数的重要手段。灯光所具有的"夜游"功能，让投资者和管理者眼前一亮，仿佛找到了灯光的附加值和潜在的社会必需意义。

2014 年以来，中国城市景观照明建设高潮迭起，景观照明的艺术性、差异化、特色化、资源节约、可持续发展等，成为业界关注的问题。作为照明工程行业的从业者，我们既是照明工程营造与管控的实践者，又是项目品质的把控者及业主的智囊团。为了有效推进城市景观照明的设计与建设，促进行业健康持续发展，我们应该深化对照明产业格局的认知，洞悉行业面临的调整和变化。

一、可持续发展的景观照明

照明行业自 2013 年开始实现快速发展，以 2016 年杭州 G20 峰会、2017 年厦门金砖峰会为契机，更是迎来了爆发式增长，我国主办的一系列重大外交活动和国家庆祝活动中，展示出的美好夜景令人印象深刻。城市景观照明在国际性大型活动中的示范效应，纷纷引起各级政府的关注。

在国家大力推动"美丽中国"战略以及建设"中国特色小镇"的背景下，景观照明对于提升城市品质、塑造城市文化形象、打造特色夜间经济等起到了重要的作用。城市景观照明的快速发展带动了照明行业专业设计、工程施工、产品厂商的业绩提升，成为照明行业的重要增长点。根据中国照明学会调研数据显示，景观亮化市场规模不断提高，中国已成为全球最大景观亮化市场，预计 2020 年行业规模将达到近 1000 亿元。

随着城镇化的推进与消费的升级，居民的生活水平不断提高，居民对城市质量的诉求也在不断升级。城市景观照明与城市经济、文化、自然因素密切相关，对塑造城市整体形象有着至关重要的作用。照明亮化工程则有助于提升城市居民的获得感、幸福感和安全感，是城市文化的重要载体，可以将当地文化特色通过灯光环境的效果呈现，有效地向公众展示传播。

近年来，夜间经济发展迅猛，受到越来越多地方政府的重视，各类投资主体的投资意愿加强。夜间经济已然成为城市经济发展的重要分支方向，而人们的夜晚活动又提升了对城市景观照明的需求。伴随需求的提高，城市景观照明将会常态化，逐渐会被纳入城市的基础设施，将有助于城市景观照明建设的可持续发展。

二、照明工程行业的机遇与挑战

城市景观照明的发展潜力巨大，经济效益可观，相关投入呈现快速增长态势。正因为如此，照明工程行业受到越来越多的关注，对行业本身也提出了越来越高的要求和标准，行业变革时代已悄然来临。

政府主导城市景观照明是中国的特色，已经成为城市拉动内需的一个重要手段。然而，景观照明目前却呈现粗放式发展，具体表现在：不加限制地在各个区域里建设景观照明项目，进而出现后期无修护、环境污染、耗能高等问题；灯光过炫、过亮、动感太强等光污染问题；灯光秀、建筑媒体的控制区域及体量不当，造成光侵扰问题；还有就是表现手法跟风、千城一面的问题。这些问题一直得不到管控的话，将影响城市经济与能耗的承载力，不利于城市照明的平稳和持续发展。

城市景观照明建设应平衡城市、人、能源、经济、环境的综合效益，保障全局利益而非单边效益，尽快向高质量发展模式转变。提倡有品质、具品位的渐进式发展模式，而不是井喷式发展模式，照明建设应充分考虑给未来发展留有余地：给城市留空间、给城市管理者留发展、给行业留增长、给企业留动力。

同业之间应积极互动，达成共识，谋求建立共同的基本行为准则。树立信心与社会责任感，以正面态度和积极行动影响社会、带动同行、引领行业风尚，促进城市景观照明的可持续发展。

三、共创光环境的价值

景观照明未来已从关注造景、塑造城市夜景向关注体验、服务夜游、营造光环境方向发展。光环境所具有的环境价值、人文价值、经济价值正在重建城市夜景与城市生活的正向联系。环境价值主要服务安全功能、景观美化、绿色生态；人文价值体现在愉悦生活、旅游休憩、信息传送、文化认同、心理归依；经济价值能够提升资源效能、共享空间、促进消费、事件激活、城市经营。

光环境所包含的意义越来越丰富，对于照明对象全面表达的需求越来越深刻，设计光就有了叙事性、意向性和情感化的种种需求，满足这些需求的照明工程项目可称得上光艺术作品。协调处理景观与功能的关系，让功能的达成与景观的美感同时成为设计的结果，最终创造出和谐美好的光环境、视觉环境，以及生活环境，也就形成了光艺术作品。

互联网时代，构筑光环境的灯具成为遍布城市肌肤的神经元末梢，灯具作为城市肌肤的神经元末梢具备了成为物联网终端的基本功能，以灯光媒体为核心的智能化光环境将率先成为以物联网为基础构成的超级视觉系统，被称为互联网时代的"第三块屏"。

第一块屏是 PC，第二块屏是手机。其中交互是激活第三块屏的关键，通过交互行为实现人与人、人与环境的互联，打造城市空间中的交流与信息平台，并通过采集数据，服务智慧城市。没有智慧的战略思考，只靠灯杆是挤不进智慧城市的。

作为照明行业从业人员，应以敬畏之心与使命感从事照明事业，勇于求真，坚持理性思考，反对单边追求短期效益而忽视生态环境与承载力的发展方式。我们提倡渐进式发展模式，城市照明兼顾城市文脉的传承与生态荷载，注重保护夜景资源与节约资源，尽力防止光污染与光干扰的产生，致力于重构城市夜景与城市生活的联系，以前瞻性思维引导景观照明向更高层次发展，共建健康可持续发展的光环境，促进城市、人、社会的和谐共生与发展。

浅谈城市景观照明工程施工管理重点

沈永健 深圳市千百辉照明工程有限公司总经理

随着我国经济实力的日益增长，景观照明越来越受到社会各界的关注，成为城市建设的缩影，部分城市将景观照明作为自身形象的名片和旅游资源。以城市为载体的大型市政照明工程得到了快速发展，与传统的景观照明单体建筑点、线、面灯具安装不同，新形势下大型市政照明工程向着功能化、艺术化的方向发展，施工过程也更加复杂，大多由整片楼宇联动，伴随着投影、激光、水景等以表演形式出现，对施工管理的要求也变高了，很多项目都要跨行业、跨专业进行综合管理。作为城市景观照明工程的施工单位，必须按照政府和业主的要求，在限定的时间内，安全、优质、高效地按照施工合同，把设计效果转化为美丽的城市夜景，这既是责任也是使命。下面从速度、质量、安全方面，粗浅分析城市景观照明工程施工管理的重点。

一、"速度"关键词：模块管理，保证进度

1. 建立团队

城市景观照明工程的特点是体量大、范围广、涵盖面多，施工进场前要围绕总目标，精建团队、合理分工；整体布局、细密筹划；切割成块、化整为零。

项目团队的组建和合理分配项目管理人员，是项目施工成败的关键要素。要落实项目经理责任制，建立矩阵式的项目管理机构和体系框架，明确职责分工，划清相互界面；注重凝聚项目团队的整体力量而不是强调个体；团队不但要体现专业化，更要有企业文化和积极向上的氛围；既要有经验丰富、有高度责任心的老员工，也要培养新人，储备后备队伍，保证项目能稳步向前。

将正常的项目进行模块化管理，根据经验一般可分为以下工作流程节点，当然，由于项目的特殊性，项目的实际情况也略有不同。

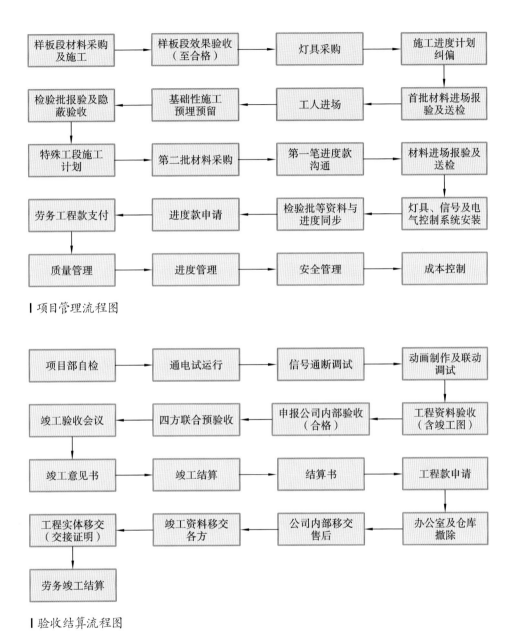

┃ 项目管理流程图

┃ 验收结算流程图

2. 协调工作

城市景观照明工程施工进场和施工过程中，均存在大量的外部协调工作，牵涉政府多个职能部门，甚至很多部门的级别比业主单位还要高，协调不到位动辄面临停工整改，小业主和市民也是形形色色，动辄投诉或者提出各种不合理要求，让施工单位不能顺畅施工。大型照明工程协调工作量大且贯穿于项目始终，必须成立专业协调小组，在项目经理领导下有计划、有针对性地开展协调工作，预备好资金预算（押金、保证金和协调费等），通过有效的协调工作来确保项目施工流畅的开展。

3. 深化设计

按图施工是施工管理的最基本要求，但现实情况是：设计图与现场存在差异，设计图现场无法实施，设计图超概、预算等。需施工单位完成深化设计与现场匹配，与设计院无缝对接，同时加快图纸会审进度，结合现场实际，迅速地完成深化设计和大样图纸的确认，为材料采购、成本控制、现场施工提供可靠的、精确的依据。

4. 材料供应

"兵马未动，粮草先行"，材料的供应是完成进度目标的重要保障。材料供应制约着施工进度和施工质量，不能及时到货会造成不必要的抢工、窝工。城市景观照明工程工期短，灯具材料的种类多、数量大，生产厂家的产能也制约着货期，需要采购部门长期同上游生产厂家保持良好的合作关系，重点厂家要签订战略合作协议，全过程跟踪灯具设备的备料、生产、检测、发货情况，确保货期比工期提前，确保供货质量，全程跟进现场施工进度，根据时间节点控制表，给现场施工留下足够的安装时间。

5. 人力保证

施工管理离不开"人、财、物"，人的因素是第一位，城市景观照明工程除管理人员外，主要还有劳务分包、专业分包等多支队伍。没有充足的人力，无法满足工期要求。因此公司要建立分包名录库，把专业队伍、劳务分包队伍信息管理纳入名录库，在日常工作管理中不断更新、完善和淘汰名录库。"鸡蛋不要放在一个篮子内"，具备施工条件后，选择多支队伍平行施工的模式，统一管理,划清界面,化整为零,对降低工期风险和提高施工质量有很大作用,同时节约施工成本。施工高峰期要提前预判,留有足够的人力储备;施工后期可能发生的抢工、赶工也要有预判,预备好突击队,确保工程如期完成。

二、"质量"关键词：超越规范，创造精品

1. 样板先行

照明效果最终呈现能否达到设计要求，必须要通过样板段来验证。通过样板段可制订更有效的施工方案并缩短工期、节约成本，做到心中有底、不盲目决策。组织设计单位、厂家一起做好测试和光效试验，验证施工方案是否科学、合理，确保大面积施工能一次到位，不返工，不出较大失误。

2. 多次交底

"交底不误工"。忽视交底，流于形式的交底，工程质量必将不保。项目部要认真组织好交底工作，要有交底流程和制度。除了组织开会交底，还要不厌其烦多次交底，多形式多角度交底，如班前会议交底、深入现场交底、专项交底等，以"不存在笨的员工和工人，只有我交底没有到位"的意识来做交底，确保交底全面覆盖，交底到每一个人的心中，能真正理解和领会交底内容。

3. 专业分工

新形势下城市景观照明工程，已不局限于楼体亮化，其所包含的面更广，山川、道路、海岸、河流、湖泊等;跨行跨专业更多，电力工程（供电箱变电）、园林绿化工程（绿化开挖及补植恢复）、基坑及桩基工程、大型吊装工程、道路开挖与恢复及非开挖定向钻工程、索道牵引工程等;表现形式更多，灯光秀、投影、水景、喷泉、音乐等多形式组合;灯具分类更多样化，智能控制和集成更专业化。这要求专业知识更丰富，公司在日常工作中要抓专业知识的培训，做好储备。施工中做好外部专业协调配合工作和内部协调工作，让专业的人做专业的事，对复杂工程要事前预判和谋划，科学、合理地处理

好项目中不同专业之间的协调。

4. 简化施工

简化施工,不是偷工减料,更不是不执行规范制度,而是在保证质量的前提下,科学合理地优化不必要的施工工序和环节,以提高施工速度。鼓励通过创造性思维来优化施工工艺,创新工作方法。施工过程中,引导团队管理人员、技术人员、班组参与这项工作,给予激励措施,鼓励内部创新、发明,鼓励新技术应用,以提高施工效率,提升观感效果,缩短施工工期。

5. 精准调试

"灯亮了"仅是施工的一个阶段性成果。照明效果要靠精准调试来实现,调试工作已成为施工阶段的重要组成部分,不管控好这项工作将会占用大量的工期。目前,LED 照明系统的广泛使用,远距离卫星信号、4G 信号的传输控制,照明智能控制系统的全面应用及多专业的集成控制,使调试工作更加专业化,占用工期更长,需要在施工初期把调试工作纳入进度和质量控制范围内。有专业的调试组织和系统管理,制定相关节点,在选灯具、选设备、布线、灯具安装阶段就要为后期调试做好各项前期准备工作,控制部门要参与其中,实现通电亮灯就能呈现效果。调试阶段更要精益求精,精准调试,把每一个点都调校好,实现设计效果。

三、"安全"关键词:主动保护,宁过勿缺

1. 舍得投入

城市景观照明工程由于技术复杂,施工区域经常在人员密集的市区,安全至关重要。超高层楼体外立面施工属于危险性较大的作业,要保护好工人自身安全和地面第三方人员的人身安全,资金预算上要舍得投入,要做好安全防护措施(如搭建防护棚、采购或租用专用设备),舍得高标准配置安全管理人员,让安全意识深入人心,即使超预算也要在所不惜。

2. 未雨绸缪

城市景观照明工程的每一个项目均具有其特殊性，安全管理也要有针对性，需事前组织项目部相关人员识别所有的危险源，把可能发生的安全隐患全部排查出来，有针对性地制定安全防护措施，要全面抓安全，不留死角、主动保护、宁过勿缺。安全管理没有后悔药，必须要未雨绸缪、预防为主。

公司安监部门要经常深入项目现场进行安全巡查，加强对安全管理的指导、监督和考核，把安全管理真正落到实处。

| （项目）安全文明检查表

第　　　次			日期：	
序号	项目	要求	执行情况	整改要求
1	安全生产责任制度	有		
2	三级安全教育、考试	有		
3	施工队安全协议	有		
4	保险购买	有		
5	安全交底记录	有		
6	危险源辨识	有		
7	专项安全措施	施工组织设计、极端天气施工安全措施、赶工安全措施、高空临边（吊篮、高空绳）施工安全措施、脚手架施工安全措施、应急预案、防火安全措施、三防（防台、防暴雨、防雷击）安全措施、防蛇虫措施、特殊工序安全措施		
8	文明施工	施工现场标识齐全、工完料尽场地清、办公室整洁有序、仓库分类存放、材料摆放有序、有标识，施工人员穿戴按规定		
9	现场安全隐患	现场影像证据（安全帽、安全绳、隔离防护、警示等，发现一类一处扣1分，同类三处以上扣10分）	可能的后果描述	整改要求

▌(项目)安全文明日常巡检表

序号	项目	巡查内容	现场合规或违规情况	纠违措施
	第 次		日期：	
1	高空作业	上下通道、安全帽、安全带、高空绳（主、副绳是否绑扎）、吊板、物料绳、物料袋、防坠措施、隔离警示、持证情况		
2	临边作业	上下通道、安全帽、安全绳、防坠措施、隔离警示		
3	带电作业	临时电缆、机械合格证，防漏电、防过载、持证情况		
4	焊接作业	动火证、防火措施、是否有清理周围易燃物、成品保护、持证情况		
5	临时用电	临时电缆、机械合格证、防漏电防过载、持证情况		
6	道路桥梁施工	交通标识、隔离警示		
7	极端天气施工	防暑、保温、防暴雨、防雷、防台风，脚手架、吊篮、高空绳安全（大风）		
8	材料堆放	消防、保卫、分区标识		
9	员工食堂	水、电、气，环境卫生，食物安全		
10	项目部规定的其他要求			
		备注：违规情况应有人员姓名和违规地点		
				巡检人：

3. 方案先行

全面落实安全管理法律、法规、规范和制度，全员参与安全管理。重点安全事项（危险性较大、影响较大的安全事项）要结合现场实际情况、建筑历史情况等制定专项安全方案，达到一定规模的需要组织专家论证，需要出具计算书的要请有资质的设计院出具，不能盲目抓安全管理，要方案先行通过，杜绝"拍脑袋"、盲目指挥、野蛮施工。

四、总结关键词：复盘学习，不断提高

项目完工后，组织项目复盘总结大会，在成功的基础上，不断反思，不断改进与提升；将总结出来的经验进行汇总，用来培训所有项目团队，提升项目管理人员的整体水平，在后续的项目管理中避免走弯路，把好的模式进行复制和延伸，成功也定将延续。

城市景观照明 4.0：匠人的责任和坚持

田翔 浙江永麒照明工程有限公司总经理

一、城市景观照明行业发展的趋势和前景

近年来，我国城镇化建设不断推进，尤其在国家新型城镇化建设和开展"中国特色小镇"培育的目标提出后，越来越多的地方政府开始规划并落实当地的景观照明项目。因此城市景观照明的市场需求也随之越来越多，逐步从大城市发展到了中小城市，为照明工程行业打开了巨大的市场。

另外，随着我国国际地位和影响力的提升，承办的国际会议和大型活动也越来越多。为了彰显国家形象、打造城市名片，从而拉动城市旅游、消费等产业，各级政府以大型项目、活动为契机，大力投资景观照明工程项目。未来几年，多项国际会议、大型活动的召开也将有力推动城市照明建设的快速发展。

再者，《"十三五"旅游业发展规划》的发布也掀起了城市景观照明建设的高潮，越来越多的城市管理者认识到城市景观照明对夜间经济繁荣所带来的拉动效果。同时随着 5G 时代的来临，以及国家对智慧城市发展的重视，以智慧路灯为基础的城市智慧照明也为照明工程行业带来了更广阔的市场。

总的来看，我国照明工程行业市场空间巨大，未来发展前景广阔。城市景观照明的价值被不断挖掘，景观照明工程规模逐渐扩大，行业发展机遇难得，照明工程企业处在最好的发展阶段。

二、城市景观照明行业发展过程中产生的问题及解决建议

我国照明工程行业仍处于成长期，快速的发展也带来了一系列问题，比如：

（1）城市景观照明在建设过程中所广泛使用的 LED 灯具，存在着过亮、

过炫、色彩太多、动感太强等问题，产生了一些光污染现象，影响周边居民的生活。

（2）城市景观照明建设同质化，有的城市景观照明项目缺乏对城市特质和文化的理解，照搬抄袭现象明显，单一的创意和表现手法让人产生审美疲劳。

（3）近年来城市景观照明建设的工期时间缩短，有的项目还存在突击施工的情况，这也导致部分项目的施工质量和产品质量很难保证，为后期的运维留下隐患。

这些问题的产生是中国照明行业快速发展不可避免的一部分，城市景观照明发展的需要与其所带来的负面影响之间的矛盾也引起了行业内专家、学者的关注，他们曾多次在行业内的会议、论坛上提及，希望行业内的所有人都能重视这些问题。因此，如何处理这个矛盾，缩短中国照明行业发展的阵痛期是整个行业目前迫切需要解决的。

在与行业内专家学者、设计大咖及工程伙伴、产品供应商交流之后，我觉得我们可以从下面三个方面来倡议照明工程行业相关的从业者们自律规范地遵循行业标准：

1.整个行业要承担起社会责任，在借鉴国外已有经验的同时，建立起自律、规范的行业标准体系

（1）政府主导、合理规划，统筹城市照明因时因需、有序建设，使得景观照明的发展与城市功能、文化相匹配。

（2）城市联合，共同发展。通过建立各大城市联合组成的照明机构和组织，引领城市景观照明的持续发展。

（3）由行业内的领头企业主导，通过行业专家的研究论证，共同规范并建立城市灯光项目的营造流程，同时在行业内进行推广，为行业树立典范。

（4）以重大城市照明建设项目为重要抓手和平台，整合照明创意、技术、器件、设备、施工及服务的全产业链，建立艺术与技术高度融合、绿色环保的城市照明产业集群。

2. 运用智能化的高科技手段解决光污染、高能耗等问题

（1）在照明设计的过程中坚持以人为本的理念，运用"月光法则"，让光线达到柔和无眩光，并尽可能减小灯光能耗。

（2）在项目营造前期对照明设计进行光效验证，坚持节约资源和保护环境，以最合理优化的方案进行施工。

（3）灯具可通过照明控制系统的智能模块分时分段进行控制。平日可选用节能高效的模式，减少灯光对城市居住环境的影响。

3. 通过文化溯源，塑造真正有价值的灯光艺术作品

（1）纵观当今城市景观照明建设作品，越来越多的媒体立面占据了大家的视野，让民众对千篇一律的灯光呈现方式产生了审美疲劳，也让作品失去了原本该有的灵魂。

（2）将城市景观照明作为城市品牌进行经营。比如，欧洲城市普遍发掘地方传统，以灯光节的形式展现景观照明的魅力，促进城市旅游业的发展。

（3）在灯光营造过程中，挖掘当地的历史和文化。以此作为整个照明设计的灵魂，创造具有当地特色的独特景观，从而形成城市光名片，避免千城一面的单调。

（4）通过合适的光电技术，结合智能分时控制系统，让城市在节假日呈现出富含文化底蕴和情感的光。

当然，只有整个行业都严格遵循这些标准，不做损害行业利益的事，我国的景观照明行业才会和谐有序地良性发展。

三、照明工程行业 4.0 阶段的现状和发展方向

就像徐建平先生所说，如今照明工程行业已经发展到了 4.0 阶段，未来行业的发展将主要围绕传统的城市灯光亮化工程、以智慧路灯为基础的智慧城市照明建设以及景观照明在文旅项目中的应用这三个大方向展开。

目前，我国照明工程行业中中小型企业数量较多，市场集中度低，竞争激烈；规模大、技术较为先进的照明工程企业相对较少。随着各地政府对于照明工程特别是景观照明的重视程度不断提升，近年来，景观照明工程项目的规模也越来越大。而 EPC 模式作为照明工程行业中最常用的运作模式，我认为，在未来几年的行业发展过程中仍将发挥主导作用。因此，如何来运作和管控 EPC 项目也对 4.0 阶段的照明工程公司提出了更高的要求。多年来，永麒光艺一直都专注于打造高端化、差异化的灯光工程，凭借着"匠人匠心"的精神，我们打造的光艺术作品曾多次荣获照明届的"奥斯卡金像奖"IALD卓越奖、北美照明工程 IES 优秀奖、亚洲照明设计奖、中照奖和中国景观照明奖等奖项。经过多年的实战，我们在 EPC 项目的营造管控上也积累了一定的经验，并总结出一套完整的项目营造管控体系。未来，永麒光艺仍将着重围绕"打造高端化、差异化的灯光工程"这一核心，通过对项目进行精准把控，扎实落地"精准化营销"思路，打造更多经典的城市光艺术作品。

另一方面，随着生活水平的提高，人们对精神文化的追求促进了"文化旅游"产业的发展，从而也为景观照明行业提供了新的发展契机。对于照明工程行业来说，文创灯光也将在未来几年成为行业竞争的重点，如何将城市（景区）景观、灯光和文化进行整合是值得 4.0 阶段的照明工程行业思考的。永麒光艺在保证"打造高端化、差异化的灯光工程"这一核心目标的同时，也将尝试在文旅夜游项目寻找新的突破口。

另外，智慧路灯作为智慧城市建设的有力载体，也将进入快速发展阶段，成为备受关注的焦点。但是智慧路灯是一个系统工程，涉及的技术、企业和政府部门众多，如何建设、管理、养护智慧路灯是一个值得思考的课题，尤其是采用哪种商业模式进行规模化的建设，更是值得深入研究。

专业化产品，精细化服务

——蓄力城市景观照明 4.0 时代

王忠泉 杭州罗莱迪思照明系统有限公司创始人

城市与光的命题，在景观照明行业发展的历史长河中经久不衰。光作为人类社会发展的必需品，已成为城市景观照明不可分割的一部分，与我们的生活形成一种密不可分的联动关系，表达着每个城市的独特魅力。

景观照明作为功能性照明的延伸和创造，逐渐成为城市照明的主要组成部分。随着夜游文化、夜间经济的爆发，以及城市景观照明在国际大型活动中的示范效应，城市景观照明掀起了又一高潮。而培育"中国特色小镇"、建设"美丽乡村"等工程的开展，使得城市景观照明逐渐从个线城市向二、三线城市展开，呈现出城市景观亮化提升的繁荣景象。

在光艺术的表达方式上，景观照明通过灯光设计展现着城市特色，塑造着城市夜景文化，逐渐成为城市的宣传名片，表达每座城市与众不同的艺术气质。而与此相随，城市景观照明行业也呈现出经济的新常态，展现出新时代的进步。

一、初心为终，匠心为用

光是一种艺术，一种文化，作为光文化的传播者，我们更应该带着这份理解，通过光与影的关系去读懂城市的内涵，读懂建筑与灯光设计的灵魂，用灯光去打造和阐述与众不同的光环境、光理念。

在当下粗放式、快节奏的发展进程中，精细化发展逐渐成为行业的发展趋势，照明工程企业更需要一种坚定、踏实、精益求精的匠造文化，在品质和品位上提升格调，给城市和生活带来更多的改变。

我们常说匠人精神，其实在照明人身上所体现和表达的就是一种锲而不舍的专注，我们不仅仅追求质量上精益求精，更注重服务上的细节和品质，也正是怀揣着这种精神内涵，才更加坚定了自己的步伐，以不忘初心的姿态应对挑战和机遇。

二、一款灯点亮一座城

面对日益剧增的城市景观照明需求，各城市的亮化工程大量展开，在这过程中也逐渐暴露出一些行业痛点，针对这些，我们倡导用减法创造更大的价值，提出"一款灯点亮一座城"的照明理念。

❘ 杭州 G20 峰会项目：元首航站楼

❘ 深圳改革开放 40 周年城市亮化工程项目

▎青岛上合峰会项目：主会场

▎青岛上合峰会项目：石老人

　　近年来，我们也不断参与到各大城市的景观亮化项目中。我们常说，能提升市民的幸福感就是我们最大的幸福。在过去几年里，我们非常荣幸能够完美点亮杭州 G20 峰会、青岛上合峰会、北京城市副中心亮化工程、上海进博会、深圳改革开放40周年城市亮化工程、乌镇全球互联网大会、米兰世博会、北京 APEC 峰会等项目，将"一款灯点亮一座城"的理念带到越来越多城市。

▎米兰世博会中国国家馆

三、用创新迭代，打造专业化产品

如今，随着数字化时代的到来，面临空前的市场竞争与不断变化的市场需求，照明行业也迎来了新一轮的机遇和挑战。

在技术、经济和产业的多重压力下，我们唯有不断与时俱进才能跟上时代节奏。伴随照明工程行业发展到 4.0 阶段，在日益变化的市场和用户需求的驱动下，我们始终坚持不断创新，以快速响应需求，用迭代进行自我更新。

比如，历经四年，"魔方"已经从 1.0 迭代到 4.0，从光学技术、光学性能、色彩等各方面进行提升与创新，并充分进行延展系列的拓展。面对不同建筑的不同表面特征，照明效果需要呈现出不同的肌理，但其核心是不变的。"魔方"正是在这样的基础之上做光学技术的变换，这是我们创新的核心，也是我们一直在倡导的"一款灯点亮一座城"的初心。

伴随着物联网的到来，LED 景观亮化进入黄金时代。作为 LED 室外照明系统解决方案提供商，我们在总结了城市发展痛点的基础上，希望在城市景观照明发展的进程中，能够给予用户更多关于维护、互动等方面的服务。在此基础上，我们还开创了黑石·城市照明智慧云运维系统，通过软件赋予灯具价值，让用户在体验过程中感受到真切的参与和互动。

当然，我们也相信在未来照明行业必将会迎来一个申报知识产权的大风潮。在企业发展的过程中，尊重和保护每一个知识成果是企业最基础的认知，也是对企业认可的最大体现。目前，公司已经荣获多项专利，其中包括外观专利、技术专利等，我们也将锲而不舍地在申报知识产权的道路上坚定地走下去。

四、共生共融，致力精细化服务

在当今开放、共融的时代中，正如徐建平先生提出的理念，实现上、下游企业的共赢，成为利益共同体。只有这样，通过行业同仁们上下一心，共同抱团发展，才能不断地为城市景观照明提供更多方案和更多创想，实现艺术与生活、城市建筑与景观照明之间的多维互动，呈现独特的城市光空间魅力。

作为照明行业大家族中的一员，罗莱迪思更致力于做一个布光者和服务者，不断用创新充实自己，用数字化、智能化不断提升自身实力，担当起我们在行业中扮演的角色及其应有的责任，从解决方案提供商的角度协助设计师呈现设计效果，更好地实现设计师的设计创想，以服务更多的设计师、工程商、业主，与我们的同行互利共生，做有品质的光，让更多的人感受到光的愉悦与舒适，为行业发展做出更多贡献。

在高速变化的行业需求和时代要求背景下，我们也将一如既往地以客户的需求为目标，通过专业化的产品技术解决方案，以及精细化的服务能力，不断打磨自己，更好地服务于客户，服务于行业。

在这个多元、包容、创新的时代大环境中，我们愿用初心、实力、专业、服务，与照明同仁们共同实现行业的良性互动，创造互利共赢的局面，开启城市景观照明工程行业 4.0 时代。

智慧城市，智慧照明

程世友 浙江晶日科技股份有限公司总经理

一、景观照明行业的现状和发展趋势

景观照明是指在户外通过人工光以装饰和造景为目的的照明，将景观特有的形态和空间内涵在夜晚用灯光的形式表现出来；根据照明对象的不同可分为广场、建筑、园林绿地、商业街区、山体水系景观照明和其他公共设施的装饰性照明等。随着超高光效光源技术、智能控制技术的发展，景观照明行业也在向节能化和智能化的趋势发展。

国民经济增长和城镇化进程推动了景观照明行业发展。我国宏观经济多年来保持较快增长，经济实力的提升带来更高层次的需求，如改善生活品质、展现城市风貌等。城镇化率水平不断提高使得广场、绿地、公园、道路、建筑等景观亮化的潜在需求不断增加，并且从大城市逐渐扩展至中小城市。此外，受益于国家基础设施建设投资、文化旅游政策、"中国特色小镇"、PPP 模式等产业政策的推动，与城市发展相关的照明工程需求量也随之增长。

随着照明工程行业的快速发展，很多照明工程企业也迎来难得的发展机遇，同时也面临着相应的挑战——如何平衡标准化、规模化制造和客户的个性化需求。

二、智慧城市照明行业的现状和发展趋势

我国照明工程行业市场容量巨大，但行业内大多是一些中小规模的企业，市场集中度较低、竞争激烈。单个企业的市场份额相对均较小，尚未形成具有绝对竞争优势的全国性龙头企业，各主要企业之间的竞争差距不大。在景观照明行业近年来快速发展的背景下，照明企业如果能借助资本市场壮大公司实力，无疑将提升自身在行业中的竞争力。

　　智慧照明是照明产业发展的新趋势，作为智慧城市的主要载体，如血管和神经一样覆盖整个城市躯体；同时可拓展应用智慧城市的各种功能，如智慧交通、智慧校园、数字园林、交通网络和智慧旅游等多功能模块，为人们生活提供便捷服务。

　　智慧照明技术结合了通信和信息技术，利用集灯具、电线杆、通信基站、路灯杆、充电桩、传感器、摄像头等各种设施和服务于一体的智慧路灯，建立基于空间单元大数据的全息感知城市，构建泛在连接、多维层次、通用智能的物联网基础，对大数据进行系统性的处理、融合、挖掘和分析，打造面向未来的智慧城市大数据云平台，实现对城市各领域的精细化管理，最终实现符合数字化管理的"智慧城市"。"智慧城市"是在物联网信息技术的支撑下，形成的一种新型信息化的城市形态，它包括了传感器、接入设备、通信网络、软件开发、数据管理、云服务等不同的行业产品。

　　目前的智慧照明产业，还是传统照明的思维观。相比传统照明，智慧照明拥有更多的全新功能，势必要创新与变革，步入数字化时代。智慧照明可以通过各种传感器，去接收用户环境以及其他设备的信息，并进行数据分析，最后反馈到设备上，进行设备调节，形成完整的智慧照明系统。

　　晶日照明于 1996 年创立，以"创民族品牌"为企业愿景，发展成为研究开发、生产制造、工程安装、销售服务为一体的户外 LED 智慧照明解决方案提供商。23 年来一直持续深入前沿市场和技术创新，公司立足市场，以客户为中心，凭借不断提升的创新能力、融合灵活的定制能力、日趋完善的交付能力、专业规范的售后服务享誉海内外，成为深受客户信赖的品牌。

　　我们主张开放、合作、共赢，与上、下游合作伙伴及行业精英合作创新、扩大产业价值，形成健康良性的产业生态系统，开发智能照明及敏捷的数字网络，助力智慧城市、平安城市、交通网络、信息查询、智慧旅游等领域，实现高效智能运营和敏捷创新。未来晶日照明将以"一个中心，两个基地"的核心发展思路，打造一个跨行业、跨产业、多维度、颠覆性的综合性跨界平台运营企业。

三、智慧城市照明的标准化

智慧照明系统完全依赖于物联网架构，而物联网架构的基础是信息技术，信息技术的软件和硬件标准化程度很高，为此智慧照明系统标准化除了照明自身的标准化外，还必须建立以信息化标准体系为基础的智慧照明相关物联网的标准体系。

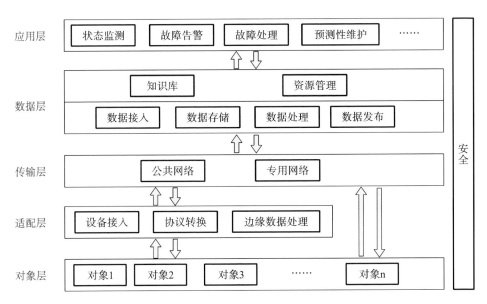

┃智慧照明相关物联网标准体系

智慧照明物联网的标准化，包括了灯具标准化、接口标准化、传输标准化、数据标准化和运行管理标准化。

智慧照明的标准化设计和客户需求的个性化，表面看是一对矛盾，但如果理解得透彻，是可以统一的。比如客户功能上的个性化需要，可以通过内部模块化（包括软件和硬件）设计来解决；外部外观需求，可以通过不同的工业设计来解决。

智慧照明是一次对几百年来照明行业的革命，我国虽然起步较晚，才几年时间，但已经改变了前面的其他行业跟随欧美国家的状态，从智慧照明标准化上起步，开始主导国际物联网标准的起草工作，比如物联网最基础的国际标准《物联网架构技术规范》的出台就是我国从欧美国家手中拿到主导权的实证，表明我国将引领国际物联网的发展。

晶日照明近年在主持完成了《数字寻址照明接口》等几项国家照明标准后，开始进入《物联网基础技术》国家标准的编制工作。在标准化的同时，成立了省级工业设计中心来完成产品的外观个性化设计。

流程管控与价值再造

刘晓光 *深圳磊飞照明科技有限责任公司董事长*

人才瓶颈是一个长期困扰企业进一步发展的问题，工程项目从销售到完工很复杂，资源与人很难分离，因此对于工程企业而言，对人才的个人禀赋依赖尤为严重。而人才往往也是双刃剑，一方面只有依靠高级人才才能达成项目销售，另一方面还要能够持续为高级人才提供才能发挥与待遇的对等平台，这对工程企业的挑战尤其高。

人才也是可遇不可求的，企业发展要摆脱对人才的依赖，一个关键的方法就是将复杂的业务流程化，进而标准化，从依靠个人英雄变成依靠团队协作，从依靠个人能力转变成依靠培训、依靠流程与制度的设计与沉淀。从而解决人才复制问题，进而解决项目复制问题，让工程企业走向裂变式发展的道路。我理解，这就是《照明工程4.0：营造与管理实践》要解决的主要问题。

传统的工程产品采购更多依靠核心管理层的综合判断，其决策依据，一般是依靠口碑、历史经验以及对人的判断。这对小规模的工程企业与小型的工程项目而言是有效的，但会面临采购权无法下放的困扰，老板一方面要拿项目，一方面还要应对各种采购细节问题，这会制约企业进一步发展。更何况，大型的工程项目很复杂，需要供应链全方位嵌入工程实施的各个环节中，而不仅仅是一个英明的采购决策可以解决的。更糟糕的是，工程企业一方面对工程招标的最低价中标规则深恶痛绝，另一方面在自己的采购体系中往往也被迫采用最低价的原则。所谓的合理最低价，所谓的品德判断，实际掩盖了结合工程实际需要，对产品性价比的判断能力不足、对产品风险把控能力不足的问题。如何将老板的主观判断，变成团队的理性判断；如何把对人的判断，变成系统的对企业的判断；如何将复杂的采购决策流程化、最优化，做到风险可控；如何将一维的采购决策，变成多维的供应链管理，也是照明工程4.0要解决的问题。

对于照明产品与系统提供方，其转变之路也是明确的。那就是从关系型营销到价值创造型营销，从公关型销售到技术服务型销售。产品企业要围绕如何与客户共造价值，来优化自身的产品与服务体系。当工程企业的管控越来越流程化、科学化，其供应链的需求也将更加稳定与逻辑清晰，产品企业去理解这套流程，就是理解工程企业的核心需求，这对实现价值创造、走向双赢尤为重要。

用技术推动景观照明进一步发展

谢明武 深圳爱克莱特科技股份有限公司董事长

景观照明现在已经成为功能性照明的延伸和创造，已经成为一个城市现代化发展的重要标志之一。相比于功能性照明，城市景观照明工程可以起到美化环境、提高文化品位、提升居民幸福感、提升夜间经济等多重效果。

随着建设"美丽中国"发展目标的提出，景观照明工程行业迎来了历史性的发展机遇。城市的景观照明所营造的灯光秀，是"美丽中国"城市建设的重要表达载体。城市景观亮化工程可以提高广大居民对城市的满意度、认同感和归属感，已成为城市发展进程中必不可少的一部分。

城市景观照明在一定程度上受到大型活动的影响较大。国家举办大型活动会加速催生各地景观照明需求。近几年来，国家大型活动频频举办，景观照明为相关城市增光添彩：杭州G20峰会光影闪耀西子湖畔，厦门金砖峰会夜景照亮鼓浪屿，青岛上合峰会扮靓浮山湾……每一次国家大型活动通过媒体传播将活动所在城市的美好夜景展现给全国人民，触发了各地居民的向往之心，也促动了地方政府的投资之意。随着我国国际影响力不断提升，国际大型会议将越来越多，为彰显国家形象、打造城市名片、拉动旅游、消费等产业发展，政府对景观照明的投资力度不断加大，为景观照明工程行业带来巨大市场。

据此，笔者认为城市景观照明的大事件驱动至少会持续到2025年，建国70周年、建党100周年、某些城市的周年庆祝活动，以及举办一些国际大型会议、大型展会等大事件，将为景观照明的持续发展提供催化剂。当然由于景观照明不仅仅是锦上添花，而是实实在在的创造价值，才更受各地政府、地产商、景区、酒店青睐，景观照明正成为夜间经济最重要的推动力量，这才是景观照明可持续发展的原动力！

一、正视问题方能持续发展

城市景观照明的发展，带动了照明行业专业设计、施工、户外厂商的业绩提升，成为照明行业在大环境不景气情况下的重要增长点。当然，城市景观照明在发展的过程中，也存在着一些问题。

用户端：项目立项仓促，整个施工周期极短，导致设计、施工、产品质量都存在问题。

设计端：设计过亮、过炫、动感太强；与建筑没有完美融合，没有考虑建筑特点；缺乏对技术的了解和把控；千篇一律等。

厂家端：缺少统一质量及技术标准；产品质量参差不齐等。

施工端：没有严格的施工标准；施工质量参差不齐；垫资施工非常普遍，风险大；施工周期短，施工质量留下安全隐患；后续维护差等。

未来上、下游应加强沟通，不断总结经验；同时发挥各行业协会的协调功能；制定行业自律规则；加快行业标准出台。尽可能避免上述问题，是保证城市景观照明健康持续发展的关键。

二、上、下游联动共享"大蛋糕"

景观照明工程涵盖技术、文化、资本等领域，涉及光学、电学、美学、建筑学、计算机学等学科，是一项综合性、系统性的工程。景观照明上游主要是照明产品供应商和其他工程材料的供应商，上游原材料主要包括照明灯具、线缆、管槽、控制系统及其他装修材料等；中游是照明工程设计和施工企业；下游主要是地方政府、基础设施建设投资主体、房地产开发商及其他投资主体。

上游和下游是相互依存的。没有上游提供的原材料，下游犹如巧妇难为无米之炊；若没有下游生产制品投入市场，上游的材料也将英雄无用武之地。对于下游而言，将产品销售信息、市场需求等进行共享，更有助于上游了解市场信息；同样地，对于上游而言，将原材料产品特性、生产管理信息、产品技术、控制技术等进行共享，能够帮助下游了解产品供应商的成本构成、生产流程、生产效率、品质管控……从而挑选产品性能高、服务优质有保障的上游产品供应商。尤其是厂商，要不断升级产品质量、产品技术、控制技术，为下游企业及用户提供更有价值的东西，才能不断助推整个行业的发展。

因此徐建平先生提出让上游厂家提前介入工程设计和采购中，非常有实际意义。只有这样，才能让工程方及业主充分了解最新的产品技术、控制技术的发展，才能不断为项目提供更多方案、更多思路，才能让技术与设计、艺术更完美地结合，才能保证不把每个城市都做成千篇一律。

三、智慧 4.0 时代"云控"为硬核

智慧照明系统不仅可以提升城市照明的管控水平，实现节能减耗目标，还可以集成视频监控、环境监测、灾害预警等多项功能，为城市信息化和智慧化管理提供技术支撑。智慧城市建设对我国照明工程行业的技术要求进一步提高，照明工程行业面临着新的发展机遇，同时也面临着技术升级带来的挑战。

景观照明向艺术和智慧型 4.0 时代迈进，其特征是以智能控制技术为支撑，使光、电、声、水等艺术渲染相互融合，打造信息化、特色化、画卷式的视觉盛宴。预计未来行业的发展仍然将在光电视觉的相关技术领域内持续更新迭代，艺术化与智能化引领行业发展。照明工程进入 4.0 时代，更加注重人的感受与夜间经济。在设计、建设、管理过程中充分借助物联网等智慧科技手段，注重受众的感官体验、智慧运营，即将区域文化、夜间经济、环境保护融入照明领域。照明工程 4.0 的突出特点是人与光影的互动和交流。比如，广场上设置感应装置或灯光小品，灯光随着人的运动或手机点击而变幻；又如，观众扫码即可操控灯光的触摸变化。

爱克莱特针对照明工程 4.0 阶段的不同应用需求，坚持以技术为驱动，挑战领域技术的革新，解决行业高尖难题。首次大规模应用 DMX512 控制技术于点光源，首次大规模应用远距离多色视觉亮度一致性技术，首次大规

模使用 4G 无线互联控制技术,推出基于物联网技术的云控平台等。尤其历时两年研发推出的智慧云控平台,采用最新物联网及 AI 技术,结合现有基础网络,打造一个城市级的智慧管控平台,达到平台能力及应用范围的可成长性、可扩充性,创造面向未来的城市综合管控智能云控平台。

爱克云控平台的功能界面,包括智慧灯光控制、强电管理控制、地图工况、智能监控等功能,根据项目的需要可对激光表演、舞美灯光、智能音响及音乐喷泉等进行集成控制。除此之外,还有安全管理、权限管理、数据统计分析等功能。爱克云控平台具有超强带载、超强数据处理、智能故障监测、智能分析、多重安全架构等核心优势。

总的来看,我国景观照明行业未来发展前景广阔,只有不断革新技术,让技术与艺术完美结合,产业上、下游齐心协力,才能发挥景观照明的独特价值,才能在智慧型 4.0 时代大有可为,为"美丽中国"建设奉献上最美的城市夜景,为夜间经济贡献最大的力量!

少即是多，和最为美

熊克苍　乐雷光电（中国）有限公司董事长

近十年来，中国景观照明发展非常迅速，LED 芯片技术和照明产品应用水平不断提高，照明质量经历了"由亮到美、由美到雅"的过程变化，表现出越来越专业的一面：从以前单栋楼体的亮化到现在整个片区的美化，从私人业主上升到市政行为，从单体控制到 4G 互联网的实时控制。整体的景观美化更多元化，不只是灯光，还有多媒体、人机互动、投影、全息、水幕投影、雾升系统、水舞及无人机等跨界的结合，硬件的应用和软件新创意的结合，表现和表演的形式更加多样化。

近年来，全国都在推行"中国特色小镇"、"美丽乡村"等文旅项目，提升夜间经济。以前人们对灯光的要求只是点亮烘托气氛，现在灯光不仅要亮，更要能凸显出一个城市独特的文化，从简单的灯光到多元化的灯光创意，目的在于形成"灯招客，客促商，商养灯"的良性循环模式。

但是，目前中国照明行业普遍存在不少问题，最主要有两个：一是甲方要求工期短；二是低价中标，严重影响了行业的工程质量。一些产品供应商和施工方为了获得市场占有率，不惜牺牲产品质量和工程施工质量，用低价赢得项目，导致的结果就是劣质工程，造成很多安全隐患。大面积造价高的灯光秀，频频出现在各个城市中，因为工期短，照明设计同质化，导致各个城市的灯光千城一面，缺乏其应有的个性和特色，甚至形成严重的光污染。城市是否需要越亮越好，五彩缤纷的灯光工程是否必要，是否需要用匠人精神做出有特色内涵的精品工程，值得我们深思。

我们提倡精品工程，一个优质的照明工程项目不仅要保证验收或在保质期内灯具可以正常运行，而且要在五年、十年后，灯具系统依然运行良好，这才可以称为精品工程。乐雷光电全系统产品设计耐用十年，致力于打造精品工程，如无锡灵山梵宫、深圳当代艺术馆与城市规划展览馆、三亚亚特兰蒂斯酒店、西安 W 酒店、厦门海沧大桥、宁波东部新城宁东路等亮化工程项目。少即是多，用最少量的灯来打造最精美的夜景效果，减少光污染和能源消耗，是照明应用的最高境界，也是我们一贯的追求。

国内外的工程实践证明，业主日益重视承包商的综合服务能力，EPC 管理模式以其独特的优势在国内外工程承包市场上倍受青睐。EPC 工程总承包商以项目整体利益为出发点，通过对设计、采购和施工一体化管理，共享资源的优化配置，将工程全过程归到统一的管理之下，提供全过程服务模式。EPC 模式有利于整个项目的统筹规划和协同运作，有效地解决设计与施工的衔接问题，减少采购与施工的中间环节，顺利解决施工方案的实用性、技术性、安全性之间的矛盾，最大限度地发挥工程项目管理各方的优势，有助于工程项目管理的各项目标的实现。例如，杭州文一西路标段和杭州临平新城等都是按照这种 EPC 模式，不仅保证了工程质量，灯光效果也得到业主、市民的一致认可。

上、下游企业要实现共赢，成为利益共同体，前提是必须让上游企业提前参与到工程照明设计中。灯具厂商要充分尊重设计师的设计理念，从设计方案开始切入，相互配合，共同为项目的灯具选型，一起开发适配的新产品和系统，在确保安全的前提下即时调整灯具的微小细节，确保照明设计的灯光效果。在施工过程中，灯具厂商安排项目系统工程师全程提供技术支持，与施工方的工程师互相配合，并在项目完工后定期回访，保证工程项目的正常运行。

面对多元化跨界整合、技术快速发展的照明市场，产品供应商应紧跟市场动向，要做到快速响应，进一步提升个性化定制产品的研发能力；结合自动化生产，做到保质保量，快速交货；并且能提供优质的全程（售前、售中、售后）服务体系，与前端市场紧密合作，共同打造照明精品工程。

所以，无论解决照明工程"光污染"的问题，还是产业链的协同问题，我觉得都离不开一个哲学命题，那就是"少即是多，和最为美"，与各位同仁共勉。

城市景观照明——与心同行

刘锐 昕诺飞（中国）投资有限公司工程渠道总经理

近年来，城市景观照明高速发展，成为照明行业在大环境不景气情况下的重要增长点，大力推动了行业进步，成就有目共睹，让人骄傲。

但行业的高速发展给企业带来巨大机遇的同时，也让我们的照明工程企业变得更浮躁，把更多的精力放在如何拿到更多更大的项目上，却忽视了对照明本质需求的思考。各地亮化项目投入巨大，灯光秀的表现形式却没有太多变化，大多采用媒体幕墙的形式，通过控制系统实现动画播放效果，这看似很开放、很自由的亮化表现形式，实现了"亮起来"、"动起来"，却让风格迥异的城市在夜晚仿佛带上了同一张假面，始终难以实现"美起来"，更违背了打造独特城市地标的初衷。

从城市景观照明项目立项到完成的周期来看，目前国内大部分已完成的项目通常都在一年甚至几个月内完成，这与国外动辄几年的周期形成鲜明的反差。在我们为"中国速度"欢欣鼓舞的同时，也要充分意识到这种速成模式所带来的弊端：在立项阶段匆忙上马，缺乏足够的调研和论证过程；在设计规划阶段缺少精雕细琢；在项目实施阶段无法对施工质量进行有效把控，导致项目完成质量普遍不高。

"慢工出细活"无疑是当下整个行业所稀缺的特质。造成城市景观照明项目建设过快的主要原因是大部分项目承载着为某一个重要事件献礼的功能，如何在这类项目中展现"中国质量"，是所有从业者必须要考虑的问题。针对中国的特殊国情，我们也希望业主能在大事件、质量、速度三者之间寻找到平衡方案。

景观照明规划一定要结合城市整体规划和建筑的风格特点，不同的区域有不同的灯光效果、灯光手法、颜色规划、动态规划等，这需要在项目的早期就与灯光设计师、建筑设计师以及工程总承包方进行沟通协调，在必要时其至邀请历史建筑保护专家、艺术家、舞美设计师等进行跨界合作，以度身定制最适合项目的最佳实施效果，也可以真正体现城市的特色。

另外，很多时候决策者缺少对项目全生命周期的总体考量，而只看重项目的设计和建设环节。成本预算也只基于建设期进行评估，而不是项目的全生命周期，这不可避免为后期维护运营管理埋下了隐患。项目全生命周期的考量包含了产品的选择、系统平台的要求、维护管理的模式、灯光节目的运营等一系列问题。今天，维护运营基本是靠建设实施单位延长质保年限来完成的，很多时候业主要求的质保年限已超出了产品的合理生命周期，这里的风险是不言而喻的。同时，一个好的城市景观照明项目，其灯光节目应该能够长年持续运营，就像纽约帝国大厦一样，其塔顶的灯光秀表演档期常年爆满，产生的经济和社会价值是难以估量的。只有从项目的全生命周期角度出发考虑项目的实施、维护和运营，才能保证亮化项目的历久常新，真正让百姓和游客满意。

上、下游组成利益共同体，其共同目标首先是城市景观照明行业的良性可持续发展。照明工程企业更加贴近客户和市场，对应用和需求的理解会更加深刻，而技术的积累则更多在生产厂商。只有发挥上、下游各自的优势，将需求和产品技术更加紧密地联系起来，才能最大限度地促进行业的发展，同时实现共赢。城市景观照明的下一步发展，必然是更加专业化和行业进一步细分。这也将促使有共同发展理念和相应技术能力的上、下游企业重新组合。上、下游的互动和依赖程度也将逐步提高。

正因为如此，飞利浦照明希望与合作伙伴从传统的产品供应商转变为立足长远的全面战略合作关系——共同搭建具有远见的生态系统，为合作方创造最大的价值，共同迎接新的照明时代的来临！

接下来，飞利浦将从以下三个方面着力，以更灵活优化的产品组合、更智能的系统、更强大的技术支撑打造更优质、更具创造性的产品内核，为共同推动行业的高质量发展贡献我们的力量。

一是优化产品组合。2018 年飞利浦照明完成了对磊明科技的全资收购，由此针对城市亮化市场形成了 Color Kinetics、飞利浦、磊明三条产品线。针对不同定位的项目、不同应用的考量，通过不同产品的组合，最大限度地满足业主和设计师的需求，同时也大大提升了本土化快速响应能力。

二是强化技术能力。适用于多应用领域的物联网平台（InterAct），为客户提供数据管理及控制界面。在设备智能化之后，我们还需要将所有处于离散管理状态的照明设备（包括景观照明、道路照明、灯光秀等）数据整合到一个统一的平台上进行统一调度、管理、故障分析等，以求更进一步优化城市的照明管理成本和管理效率。技术领先性、稳定性、实用性、开放性、保密性、标准性原则会是下一代智慧城市照明平台的最基本原则，而安全性、可追溯性、可拓展性会成为一个平台可持续发展的关键性决定因素。再进一步，越来越多的系统和传感器加入景观照明系统中，通过智能化控制和环境感应的方式实现对城市景观照明的数字化管控以及环境元素互动，让建筑不再是冰冷的砖瓦，而是具有灵魂和情感的载体。

三是提升服务水平。飞利浦照明建有应用设计中心和系统服务中心，这两大中心可以提供项目全生命周期的解决方案和技术支持服务——前期设计配合，中期现场技术支持、系统集成及项目管理，后期的售后及维保服务等。这两大中心的发展和加强，必将成为飞利浦照明的另一核心竞争力。

以人为本，共建可持续性发展的人居光环境

王刚 上海光联照明有限公司执行董事

23 年前，刚刚大学毕业的我来到了深圳，正值喜迎香港回归祖国之际，我有幸成为深圳市深南大道 10 座立交桥以及 6 个口岸建筑景观照明的设计师，从此开启了的我的照明生涯之旅。

1999 年，我创办了上海光联照明有限公司，过去的 20 年，也是中国城市景观照明蓬勃发展的好时期，我们经历了北京奥运会、上海世博会、杭州 G20 峰会、上海进博会等诸多全球性大事件，不仅亲眼见证了照明行业的快速发展，也亲身深度参与其中，并为行业的进步贡献了自己一份绵薄之力。

回顾过去这几年，我认为 2013 年南昌赣江两岸 96 栋建筑灯光联动项目，对国内景观照明行业产生了巨大的影响。这是全球第一个超 50 栋建筑景观照明同步控制，大场景的实现灯光画面联动的项目，也获得了世界永久性建筑灯光联动的吉尼斯世界纪录。作为该项目的核心成员之一，上海光联跟随南昌旅游集团、北京清华同衡、新时空、江西中业等单位一起并肩奋斗，我们承担了所有的智能图像控制系统集成的任务。经过近 90 个日日夜夜的拼搏之后，当我们身处赣江中的游轮上，听着音乐，看到 50 多栋建筑同时落下灯光瀑布的场景时，深感振奋！这是一次技术的革命，为行业发展的各种可能性提供了有力的支撑。南昌市的景观照明建设大大促进了当地旅游业，给外地游客多了一个再住一晚的理由，愿意看看赣江两岸的灯光夜景，当地市民也深深地为自己家乡的建设而感到自豪和骄傲。

但是，随着 2013 年南昌赣江两岸项目的成功实施，国内诸多城市便开始快速复制。虽然各地的市民早期觉得新鲜，但很快造成了各城市的夜景效果雷同，城市的特点完全淹没在动态的媒体立面表现之中，灯光表现手法的单一化，以及在大体量、短工期的项目实施过程中，对一些艺术建筑带来不可逆的伤害等问题逐渐凸显出来，我们的城市景观照明这样做对吗？我觉得

应该给设计单位留出更大的自由创作空间，也应该给项目实施团队留出合理的建设时间，城市的管理者及我们照明行业的同仁，应该尽快回归：以人为本，为共建可持续性发展的人居光环境而不断努力。

我非常赞同徐建平先生提出的"实现上、下游企业的共赢，成为利益共同体，让上游企业提前介入到工程设计和采购之中"这一观点，光联在过去的20年时间里，就是这样在诸多好朋友的帮助下成长起来的。我认为一个优秀项目的成功实施离不开强有力且有使命感的工程公司、专业的照明规划、设计团队以及专业的设备制造商、系统集成供应商，尤其前两位更为重要。随着技术的不断发展，新材料、新技术的不断涌现，为项目的实施创造了更多的可能，在项目前期，信息互通，从源头开始深化并有针对性的技术开发，有利于将项目做得更加完美，设计单位创造性思维与建设单位的需求是源头，专业工程公司的深化与整合至关重要，灯具制造商早期的介入联合开发，提供最适合该项目的设备，多方的协调工作并不是骗取业主更多的投入，而是帮助建设单位合理化投资，完成对建筑、对环境破坏最少的光艺术作品。

光联作为一家专业的灯具制造＋智能控制系统集成商，在平日的工作中，我们首先会获取项目目标的照明效果信息，再会整合包括光源、驱动、灯具与幕墙安装结构、系统最优解决方案等工作。我们常常会问自己，当前项目所需的光源在允许接受的条件下有怎样的光通量的输出？当我需要更好的混光效果时，在LED灯具的封装上是否就可以做到将RGB或RGB+W混装在一个很小、很精密的成品光源中，在封装过程中就能做好整合？如果可以集成封装，如何保障各个光源的良好一致性？这些都会在后期做配光解决方案时，对精准把控光输出起到至关重要的作用。我们不仅仅想要足够的光通量，还想要更柔和的混光颜色把控等。我们更多地关注在灯具的开发制造，以及灯具在项目安装过程中，如何与建筑立面达到更好的配合，以达到最终的光效，以及如何解决正常视角的眩光等问题。

目前城市景观照明的大面积亮化所暴露出来的"千城一面"的夜景，终将会使观赏者产生视觉疲劳从而回归理性。所以在未来的城市景观亮化工程中，我们更多的关注点还是要回归到人的需求，以打造舒适的、良好的光环境为最终目的，而不是一味地关注今年的产量有多大。我们应该努力创造出更多优秀的光艺术作品，服务于社会，回馈于社会！

　　未来我们还会投入更多的人力、更大的精力继续研究景观照明领域的智能控制系统方案，做更多的研发和推广应用，进行不断完善和整合。在灯具方面，我们也会强调更多的回归到间接照明手法，加大这方面灯具的开发力度。未来，我们也非常愿意结合自己的技术研发，非常愿意和有创新思想的照明顾问，非常愿意和追求高品质项目的工程公司，携手努力，共同为业主、为社会提供更好的服务，同时也非常愿意把一些好的理解和经验分享给整个行业，为整个行业更健康地成长贡献自己的力量！最终营造出一个更舒适的、有良好人居光环境的幸福家园！

照明行业如何从传统制造业向工业 4.0 转变

胡波 佛山市银河兰晶照明电器有限公司董事长

今天有幸拜读了窦林平秘书长的专访《行业变革时代到来照明行业前景可期》。窦秘书长给出了可以预期的未来户外照明领域的市场前景——2020年景观照明工程规模将达到 1000 亿元！备受瞩目的千亿市场，首先感受到的是户外景观照明工程的系统集成商，从施工安装公司转变到包括系统集成、设备安装调试、运维为一体的综合运营商。具有"双甲"资质的公司 2 年时间里也从 20 多家发展到 70 多家，行业变化巨大。对于灯具制造商，也是从未有过的好时机，从以前单个合同几十万元就算大合同，到现在经常一个项目数千万元甚至过亿元的合同额，生产周期从以前的 4 周压缩到 2 周，甚至 1 周。

作为国之重器的制造业，各个国家都在"开药方"。中国政府提出了"中国制造 2025"的宏伟目标，从制造大国向制造强国、从传统制造业向智能制造转型。德国政府也提出了"工业 4.0"的总体规划。

灯具制造企业寻求创新过程中充满了机遇和挑战，大体量订单和生产周期压缩的矛盾、生产扩充的需求和中国劳动力资源短缺的矛盾、产品稳定性要求高和定制需求大之间的矛盾等，都是灯具制造企业的难题。当然灯具制造企业还面临资金、人才培养及留用、市场和产品规划等共性问题。在高速发展的景观照明市场中，我们灯具制造企业怎样才能抓住市场机遇？怎样规划产能？怎样实现工业 4.0 的转变？怎样才能让制造企业走得更远更坚实？下面结合银河照明工业自动化——"工业 4.0 灯具生产线"的落地过程谈谈自己的一些见解。

我们是在 2016 年提出"智能制造"的。首先成立了自动化部，由专业部门承担这个任务，从立项、目标制定到计划制订、组织实施都做了安排，目标很明确，计划很详尽，但还是遇到了严重挫折。在自动化改造初期，没有听取行业资深人员建议，想当然认为只要出钱定制设备和系统，现有的产品是完全可以实现智能制造的，结果和我们的想象相去甚远。当时已有的产品在做车间规划、设备规划、专机定制过程中遇到很多不能解决或者即使解决了也会出现生产连续性差、质量稳定性不可靠、一次成品率不高的状况，最终 2016 年的智能制造计划不得不放弃。

产品是重点，制造性企业的定位、产品线规划、设计、开发、测试、试产、推广、量产，都是围绕市场进行的，但市场是通过产品来提供服务的。

2017 年，我们采用了一个新的思路指导智能车间的重新规划。这次从产品设计开始，而不是从设备和系统开始。立项时就由银河的自动化部、PM、RD、PE、QA 等内部部门以及设备集成公司和系统集成公司同时参与，一起制订新的计划。我们从产品线的设计开始，同时设计自动化生产线（设备）以及系统集成。产品在能够满足市场需求的前提下，产品设计要能够很好地实现智能制造设备的需求；设备能够满足效率和品质的需要，系统能够集成从客户需求到生产制造以及售后跟踪的需求。这样从产品样机、设备样机开始，到产品测试、设备调试，最终到系统调试，每一个步骤虽然都有不同的问题，但只要方向正确，总能找到解决问题的正确方法。整个项目历时近 2 年，最终在 2018 年 6 月 10 日，银河"智能制造"顺利开机。在此，再一次感谢行业朋友对银河"工业 4.0"的关心、关注和支持。

4.0 车间投产后，生产效率从以前一条线 800 只提升到 5000 只。相同产能，人员从 170 人减少到 11 人（包括设计部运维），全生产链的效率提升明显，产品一致性显著提高。

综上所述，"工业 4.0"的过程不仅是设备投入，更是思想意识的革新、管理体系和流程的再造、产品线的重新规划、产品设计的推倒重来、业务体系的重新建立、信息流的自动传送，到最后才是最简单的智能生产线、自动化设备的设计引入。只有认识到这些并下定决心，照明制造到智能制造转型才会成功！我们希望未来行业内能有更多的"工业 4.0"厂家出现，一起担起"中国制造 2025"的民族重担，走向并引领国际市场。

后记与致谢

我们这个行业正经历着前所未有的繁荣，但繁华的背后，我也曾无数次思考——这样的高速增长能否持续？照明工程行业未来会走向何方？照明工程公司该如何保持长久稳定的发展？就此，我经常与行业专家、业主、合作厂商、同行进行交流。

大家对行业未来的发展有着普遍共识：其一，是基于夜间经济的文旅夜游项目的建设与运维；其二，是基于智慧路灯的智慧城市建设。这二者都将为照明工程行业开启万亿级的市场，成为行业发展的新引擎。这也对照明工程公司的艺术造诣、科研实力和管理水平提出了更高的要求，这也是我出版本书的主要原因。希望通过总结照明工程 4.0 时代的营造与管控体系，吸引更多的行业专家一起来分享行业发展和企业成长的经验，最终推动行业向着更加艺术化、科技化的方向进阶。

与其说这本书是我多年实践经验的总结，不如说是我联合行业大咖们共同做的一些探索。《照明工程 4.0：营造与管理实践》这本书能够顺利出版，得到了诸多人士的帮助和支持，在此一并致谢。

感谢中国照明学会窦林平秘书长为本书提供了宝贵的思路和悉心的指导，并亲自为本书作序；中国照明学会照明系统建设运营专业委员会在本书的编撰过程中给予了鼎力支持，非常感谢李巧利女士及其团队为本书专家约稿和编撰提供的帮助。

与许多行业专家共同探讨行业共建共赢等话题，令我受益匪浅。我们的讨论丰富了我对行业的价值、挑战及未来的理解。感谢上海市绿化和市容管理局景观管理处丁勤华处长、深圳市灯光环境管理中心吴春海高级工程师、中国城市规划设计研究院城市照明规划设计研究中心梁峥主任、栋梁国际照明设计中心总设计师许东亮先生、浙江城建规划设计院副院长沈葳先生、北京清美道合景观设计机构联合创始人王天先生、豪尔赛科技集团股份有限公司董事长戴宝林先生、深圳市名家汇科技股份有限公司董事长程宗玉先生、利亚德照明股份有限公司董事长张志清先生、深圳市千百辉照明工程有限公司总经理沈永健先生、浙江永麒照明工程有限公司总经理田翔女士、杭州罗莱迪思照明系统有限公司创始人王忠泉先生、浙江晶日科技股份有限公司总经理程世友先生、深圳磊飞照明科技有限责任公司董事长刘晓光先生、深圳爱克莱特科技股份有限公司董事长谢明武先生、乐雷光电（中国）有限公司董事长熊克苍先生、昕诺飞（中国）投资有限公司工程渠道总经理刘锐先生、上海光联照明有限公司执行董事王刚先生、佛山市银河兰晶照明电器有限公司董事长胡波先生为本书贡献了重要的观点，并在百忙之中为本书撰稿。

同时，感谢北京清控人居光电研究院荣浩磊院长、北京新时空科技股份有限公司董事长龚殿海先生、中泰照明集团有限公司总经理蒋加珍女士、北京良业环境技术有限公司董事长梁毅先生、利亚德（西安）智能系统有限公司董事长刘剑宏先生、河南新中飞照明电子有限公司总经理刘国贤先生、深圳市金照明实业有限公司董事长李志强先生、天津华彩信和电子科技集团股份有限公司董事长李树华先生、上海罗曼照明科技股份有限公司董事长孙凯君女士、上海中天照明成套有限公司董事长徐进先生、北京嘉禾锦业照明工程有限公司董事长徐孝前先生、山东清华康利城市照明研究设计院有限公司董事长曾广军先生、龙腾照明集团有限公司董事长龙慧斌先生、江苏创一佳照明股份有限公司董事长王晓波先生、无锡照明股份有限公司董事长赵明先生、深圳市城市照明学会秘书长戈金星先生、北京富润成照明系统工程有限公司董事长王林波先生，他们给予了非常宝贵的建议。

在对光艺术事业的追求过程中，我的同事们给予了我最大的信任和支持，他们在我成书的过程中也给予了我许多意见和帮助。还有许多出色的城市管理者、行业专家、设计师、工程师们也给予了我具有远见卓识的反馈和帮助。

　　最后，我非常感谢我的妻子鲍珊和孩子们，感谢她们一直以来的包容和理解，感谢她们对我事业的支持和体恤。

2019 年 5 月 10 日